鹌鹑
养殖致富指导

ANCHUN YANGZHI ZHIFU ZHIDAO

张立恒　韩占兵　主编

中国科学技术出版社
·北京·

图书在版编目（CIP）数据

鹌鹑养殖致富指导 / 张立恒，韩占兵主编 . —北京：
中国科学技术出版社，2017.8

ISBN 978-7-5046-7586-6

Ⅰ. ①鹌… Ⅱ. ①张… ②韩… Ⅲ. ①鹌鹑—饲养管理
Ⅳ. ① S839

中国版本图书馆 CIP 数据核字（2017）第 172740 号

策划编辑	乌日娜	
责任编辑	乌日娜	
装帧设计	中文天地	
责任印制	徐　飞	

出　　版	中国科学技术出版社
发　　行	中国科学技术出版社发行部
地　　址	北京市海淀区中关村南大街16号
邮　　编	100081
发行电话	010-62173865
传　　真	010-62173081
网　　址	http://www.cspbooks.com.cn

开　　本	889mm×1194mm　1/32
字　　数	139千字
印　　张	5.875
版　　次	2017年8月第1版
印　　次	2017年8月第1次印刷
印　　刷	北京威远印刷有限公司
书　　号	ISBN 978-7-5046-7586-6 / S・657
定　　价	22.00元

本书编委会

主 编

张立恒　韩占兵

副主编

何晓胜　蔡芬奇　周　璞

编著者

张立恒　韩占兵　何晓胜　蔡芬奇

周　璞　张孟鑫　潘　娟　许俊阳

Contents 目录

第一章
鹌鹑生产概况

一、鹌鹑养殖历史与现状

（一）鹌鹑的起源与驯化

1. 鹌鹑的起源 鹌鹑为鸡形目，雉科，鹌鹑属鸟类的总称，欧洲、非洲、亚洲及中北美洲和大洋洲均有分布，全世界的鹌鹑至少分7个不同种，其中我国境内有3种，分别为日本鹌鹑（*Coturnix japonica*）、普通鹌鹑（*Coturnix coturnix*）和蓝胸鹌鹑（*Coturnix chinensis*）。现代家养鹌鹑就是由日本鹌鹑驯化而来。蓝胸鹌鹑在国内也有人驯养，但经济价值不高。普通鹌鹑在国内仅分布于新疆、西藏等地，未进行人工驯化。

野生日本鹌鹑分布于中国、印度、朝鲜、日本、菲律宾等国家。在中国属地方性常见鸟，繁殖于东北三省、河北、山东及甘肃东部，越冬见于中国中部、西南部、东部及东南部的大部地区、台湾及海南岛。鹌鹑属于地栖性鸟类，性善隐匿，平时喜欢潜伏于草丛或灌木丛间，或在其中潜行。鹌鹑趋温性明显，在我国大部分地区属于候鸟，但在某些地区为留鸟，如长江中下游地区。野生鹌鹑栖居在平原、荒地、山坡、丘陵、沼泽、湖泊、溪流的草丛中，有时亦潜伏在灌木丛中、芦苇间，以谷物、草籽、昆虫为食。野生鹌鹑每年5～9月份繁殖，每窝产蛋7～12枚，孵化期17天，早成鸟，出壳后即可活动、觅食。鹌鹑寿命一般3～5年，最长可达7年。

2. 鹌鹑的驯化历史　国外饲养鹌鹑的历史可以上溯到罗马时代，但较大规模的驯化和饲养起源于日本。日本鹌鹑被驯化为家养鹌鹑已有600多年的历史，在1596—1781年，日本便有了笼养鹑，从1911—1926年，小田厚太郎专门从事鹌鹑改良方面的研究，培育了著名的蛋用日本鹌鹑，推动了养鹑业的大发展。

从确切的历史记载看，我国的鹌鹑驯化史明显比日本长。春秋时代《诗经·庸风》中就有"鹑之奔奔"等赞美鹌鹑的诗歌，《诗经·魏风·伐檀》指出："不狩不猎，胡瞻尔庭有县鹑兮？彼君子兮，不素飧兮"，可见，当时鹌鹑就是人们的狩猎对象，除射猎、犬猎外，还有网捕活鹑用于驯养。从西周到战国时代，鹌鹑是贡品和民间祭祀活动惯用的祭品。隋唐时代，斗鹑开始流行，经调教的鹌鹑能随金鼓节奏殊死搏斗。这种风习在当时随着日本遣隋史、遣唐史及学问僧的归国传入日本。宋代鹌鹑主要作为搏斗玩赏之用，在京城开封一代已有鹌鹑集市贸易，贩卖鹌鹑的交易已有相当的规模，很可能在附近已有家养鹌鹑群体的存在。宋《尔雅翼》中有"鹌鹑虽纯，然却好斗，今人以平底锦囊养之怀袖间，乐观其斗……"，同时还创造了鸟媒诱捕法。明代医学家李时珍在《本草纲目》中有如下记载："其在田野，也间群飞，昼者草伏，人能以声呼取之，畜令斗搏。"清代道光年间的刻本《昭代丛书》中有程石邻的《鹌鹑谱》一书，首述养鹌鹑的始原，尤其有关鹌鹑相法、饲养管理、调习等法叙述甚详。

（二）我国鹌鹑养殖历史与现状

1. 我国鹌鹑养殖历史　我国近代的鹌鹑由1937年冯焕文教授从日本鹌鹑育种场引进。1951年谢公墨氏再次从日本引种，在上海饲养成功。此两次引种虽然饲养量小，引进者仅将其作为个人爱好、业余兴趣和家庭副业，但对我国鹌鹑产业在国内的推广具有积极意义。1978年建成的北京市种鹌鹑场，是国内最早专门从事鹌鹑引种、育种、推广的企业，先后从朝鲜引进了龙城系蛋用种鹌，从法国引进了迪法克FM系肉用鹌鹑。在引进国外优良品种的同时，北京市种鹌鹑场联合中国农业大学、南京农业大学等单位培育出了隐性白羽鹌鹑，建立了世界上第一个鹌鹑自别雌雄配套系，解决了困扰鹌鹑养殖业的雌雄鉴别难题，准确率达到98%以上。1991年南京农业大学林其騄教授发现并培育出黄羽蛋用鹌鹑纯系及自别雌雄配套系。1992年，河南科技大学庞有志与周口职业技术学院宋东亮等在朝鲜鹌鹑群体中也发现了黄羽鹌鹑突变体并进行了系统培育，经5个世代选育，培育出了黄羽鹌鹑纯系及其自别雌雄配套系，同时开展了白羽系与黄羽系正反交自别雌雄配套系的培育，首创了利用白羽、黄羽和栗羽三元杂交自别雌雄配套系制种方案，填补了国际空白，取得了显著的经济和社会效益。鹌鹑因其投资小、占地少、生产性能高，很早就被列入国家"星火计划"项目之一，非常适合资金有限的贫困地区和农村养殖户饲养，发展鹌鹑养殖，是解决贫困人口脱贫致富的好项目。

2. 我国鹌鹑养殖现状　现代鹌鹑品种按照用途不同分为蛋用鹌鹑和肉用鹌鹑两大类，我国北方主要饲养蛋用鹌鹑，而南方肉用鹌鹑很受欢迎。鹌鹑饲养业已经成为我国现代家禽生产的重要组成部分，饲养量仅次于鸡、鸭、鹅。经过30多年的发展，我国已经成为鹌鹑养殖世界第一大国，全世界鹌鹑存栏总量10亿只，我国就占到3亿只（蛋鹑2.5亿只，肉鹑0.5亿只）。除了西藏自治区外，其他各省（市）都有饲养。在养殖技术方面已有省份出台了地方标准，如河北省的《蛋用型鹌鹑饲养管理技术规程》（2007-07-05）、安徽省的《蛋用鹌鹑饲养管理规程》（2012-03-14）、河南省的《蛋用鹌鹑养殖技术规程》（2015-05-15），湖北省也正在制定相应的地方标准。我国鹌鹑养殖户集中的地区为中东部，尤以江苏、河南、山东居多，有个别地区早已形成规模，如江苏连云港、河南焦作、山东潍坊、广东汕头等地。

（1）**蛋鹑生产现状**　鹌鹑蛋是现代鹌鹑生产的主要产品，经过几十年的发展，鹌鹑蛋已经逐渐被消费者认可，成为一种大众化禽蛋食品，传统加工与现代加工业的发展使鹌鹑蛋的需求越来越大。鹑蛋营养丰富，而且具有一定的滋补功能，容易消化吸收，消费量逐年增加。鹌鹑性成熟在所有家禽中是最早的，而且属于高产家禽，出壳后40天左右开产，蛋鹑年产蛋量高达280枚以上。每只母鹑从出壳到产蛋，仅耗料750克，全年耗料约9千克，年产蛋3千克，年获纯利3～4元。在南方一些城市，也有用肉用鹌鹑品种来生产鹑蛋的，目的是生产个大的鹌鹑蛋（蛋重16～17克）满足市场需要。全国蛋鹑存栏2.5亿只，年产鹌鹑蛋60万吨。河南省周口市、武陟县，江苏省江阴市、无锡市、连云港市赣榆区，江西省丰城市，河北省石家庄市，山东省嘉祥县等地都是饲养蛋鹑比较集中的地区，特别是河南省武陟县规模最大、服务体系最为完善，已经成为远近闻名的鹌鹑养殖基地。以武陟县谢旗营镇为中心（包括其他乡镇）的鹑蛋生产基地已经成为北方最大的鹌鹑养殖基地，2014年饲养量达到3 000万只，年产值达到7亿元。该镇逐步由商品鹑饲养发展为集种鹑繁育、种苗孵化、笼具生产、鹑蛋生产、产品加工与贸易为一体的现代化鹌鹑养殖基地。全国涌现出一批鹌鹑行业知名的龙头企业，如河南省即可达食品有限责任公司、湖北省神丹集团、江西省恒衍禽业有限公司等。

蛋鹑品种利用上，朝鲜鹌鹑是我国蛋用鹌鹑生产的当家品种，蛋用鹌鹑生产中以纯种和自别雌雄配套系的母本在我国得到广泛推广。我国自主培育的中国白羽鹌鹑、中国黄羽鹌鹑及自别雌雄配套系，各项生产性能指标有了较大提高，是目前国内最优秀的蛋鹑品种，在国内鹌鹑生产中得到了推广和应用。

（2）**肉鹑生产现状**　肉鹑体型大，早期生长速度快，饲料报酬高，35～45日龄出栏，活重达200～250克。肉仔鹑内脏小，

屠宰率很高，能够烹制成各种鹌鹑菜肴，也可以整只卤制食用。法国、美国是肉鹑养殖大国，生产与消费都处领先地位，而且还培育了优良的品种。我国肉鹑饲养历史较短，是近几十年发展起来的新兴肉禽养殖项目，但在华南、华东已经形成较大养殖与消费市场，如上海、南京、苏州、广州等地肉鹑消费最多。在北方肉鹑消费主要集中在北京、天津等大都市，郊区都有饲养。江苏全省肉仔鹑年出栏已经超过1亿只，占到全国饲养量的75%，其中无锡市新安镇和连云港市赣榆区是国内两大肉仔鹑生产基地，上海市场肉仔鹑供应主要来自于此。江苏省无锡市新安镇年出栏肉仔鹑5 000万只，连云港市赣榆区饲养量达到3 000万只。另外，年出栏量较大的还有江苏省无锡市华庄镇3 000万只，上海市奉贤区1 000万只，浙江省上虞市700万只，浙江省舟山市500万只，天津津南区联兴养殖场150万只。

3. 我国鹌鹑产业存在的问题

（1）**生产设备落后**　养殖鹌鹑的发达国家如日本、美国已向大型机械化鹑场发展，其喂料、送料、给水、清粪、光照、集蛋、通风、供暖等全部使用机械化。我国能达到机械化和自动化水平的鹌鹑养殖场不多，2万只以下规模的养殖主要分布在农村养殖专业户，相应的笼具、育雏设施、保温设备、蛋品包装等生产资料供应仍处于较低的生产水平上，生产工艺和方法、饲喂方式等都还比较落后，工人劳动强度高，蛋品安全受环境影响较大。

（2）**缺乏完整的产业技术服务体系**　分散经营的鹌鹑养殖户势单力薄，难以及时、全面、准确地掌握鹌鹑产业市场行情，生产经营存在很大盲目性，抵御市场风险的能力不强。现阶段，鹌鹑饲养的社会化服务体系还未建立，与品种繁育、饲料供应、饲养技术、产品销售一体化相适应的多层次、多渠道的服务网络还未形成，包括各种养殖协会、市场经纪人、养殖专业合作社和饲养及疾病防治科技服务部门甚少。由于鹌鹑行业的产业规模与其他主要畜禽养殖行业来说相对较小，政府作为职能部门、管理部门，对蛋用鹌鹑产业的重视不够，对鹌鹑养殖的优惠政策少，对鹌鹑产业的扶持资金投入很小，科技支持有限，影响了鹌鹑产业及产业技术的发展。

（3）产品开发和深加工技术相对落后　与发达国家相比，我国鹌鹑产品开发和加工程度较低，技术落后，能向市场提供的产品较少。目前鹌鹑产品加工存在的问题：一是加工程度低，创新能力差。鹌鹑产品的深加工大多借鉴鸡、鸭、鹅的传统加工方法，忽视了鹌鹑特有的风味。加工技术手段较为落后、陈旧、缺少新意。二是鹌鹑产品品种少。包装技术落后，风味独特的拳头产品少，市场占有率低，制约鹌鹑食品加工和鹌鹑养殖业的发展。我国多数鹌鹑养殖企业品牌意识淡薄，以初加工为主，而发达国家的鹌鹑加工产品种类繁多，如欧洲国家都有20多种。三是缺少龙头企业。大型鹌鹑食品加工企业少，多数加工厂是小型的乡镇、个体企业，既拿不出大量资金投入产品研发，又没有力量联合鹌鹑养殖企业搞规模化经营，制约了鹌鹑食品加工业向深层次发展。鹌鹑加工行业的落后已严重制约了鹌鹑生产的持续健康发展。因此，发展大型现代化鹌鹑加工企业，依靠科技力量开发新型系列产品，完善和壮大养殖、加工、销售产业链，满足市场不同需求，是推进鹌鹑行业快速发展的重要途径。

二、鹌鹑的外貌特征与生活习性

（一）鹌鹑的外貌特征

成年鹌鹑头小尾短，体型呈纺锤形。鹌鹑喙细长而尖，无冠髯和耳叶。胫部表面无鳞片、无距、无羽毛。公鹑上体有黑色和棕色相间杂斑，具有浅黄色羽干纹，下体灰白色，颊和喉部赤褐色，喙铅灰色，胫淡黄色。母鹑与公鹑颜色相似，但背部和两翅黑褐色较少，棕黄色较多，前胸具褐色斑点，胸侧褐色较多。

公鹑好斗。野生鹌鹑体型较小，成年体重为 66～118 克，体长 148～182 毫米，尾长约 46 毫米。家养鹌鹑经过长期的遗传改良，体型变大，体重增加。家养鹌鹑的羽色以野生羽色为主，但我国培育品种中也有白羽、黄羽类型。成年蛋用型家鹑体重 110～150 克，肉用型家鹑体重 200～250 克。鹌鹑发育到 20～25 日龄，公、母羽色出现性别上的差异。

（二）鹌鹑的生活习性

1. 野性尚存　家鹑与野鹑相比，生物学特性已有很大差别，但仍保留了一些野鹑的行为习性，诸如能短距离飞翔，喜跳跃和快步行走，爱鸣叫。特别是公鹑叫声高亢，反应敏捷，好斗。母鹑有时也会发生啄斗行为。家养鹌鹑在选种时，尽量选择野性弱的个体留种。

2. 早成雏　鹌鹑为早成雏禽类，在孵化过程中雏鹑得到了充分发育，刚出壳的雏鹑绒毛丰满，眼睛睁开，腿脚有力。绒毛完全干后就可自由活动、独立觅食，适合人工育雏。鹌鹑换羽速度快，15 日龄完成初级换羽，接着更换青年羽，进入育成期，30 日龄换成成年羽。

3. 杂食性　鹌鹑为鸡形目鸟类，属于陆禽，野生鹌鹑在地面觅食，为杂食性禽类，各种植物嫩叶、浆果、草籽、昆虫都是它的食物。人工驯化后发现鹌鹑喜欢采食颗粒状饲料，如果饲料粉碎太细会造成采食困难，粉料拌湿后可以增加采食量。鹌鹑采食行为比较有规律，正常情况下鹌鹑在早晨和傍晚采食和饮水较频繁，具有明显的味觉喜好，喜食甜酸味的饲料。

4. 喜欢温暖的环境　鹌鹑为候鸟，对温度变化较为敏感。野生鹌鹑每年春、秋两季都要进行长距离迁徙。人工饲养条件下，鹌鹑生长和产蛋均需要较高的环境温度，喜欢温暖干燥的环境，对寒冷和潮湿的环境适应能力较差。鹌鹑适宜的环境温度范围为 15℃～28℃，在这个温度范围内可以达到理想的饲料转

化效率。气温低于 10℃时，产蛋锐减，甚至停产，并出现脱毛现象。气温超过 30℃时，食欲下降，产蛋减少，蛋壳变薄易碎。鹌鹑对温度的变化比鸡更为敏感，要密切注意，保证昼夜温差不能太大。

5. 反应机敏　鹌鹑个体小，不善高飞，野生鹌鹑往往是各种兽类的攻击对象，国外把鹌鹑作为狩猎鸟类。因此，野生鹌鹑富于神经质，对周围的环境反应敏感，随时准备躲避敌害，易受到应激影响。饲养鹌鹑应选择比较安静的地方建场，饲养人员要固定，不能随意更换，日常各项操作动作要轻，不能有大的响动。否则，容易出现惊群现象，导致死亡和产蛋率的突然下降。鹌鹑的感觉反应以听觉为主，当室内外环境出现特殊异常声音（多是人所不觉）时，全群立刻都仰起头伸直颈一动不动，鸦雀无声，过一会儿又活跃起来。鹌鹑对声音的敏感度非常高，尤其是忽然听到强烈的声音反应更明显。当鹌鹑听到鞭炮声或者喇叭声等就会飞起来；要是在笼子里，就不顾一切地冲撞笼子，想逃离这种声音的刺激，由此可以看出它们对声音的应激确实很大。所以，对于养殖户来说，养鹌鹑的场所尽量要选在远离街道和闹市的地方，避免汽车的轰鸣声和其他声响对鹌鹑的刺激。

6. 适合笼养　鹌鹑个体小，具有栖高性，适合高密度笼养。种鹑笼养也能进行正常交配，保持较高的受精率。笼养鹌鹑管理方便，加料、加水、收蛋、疫苗接种效率大大提高，促进了规模化鹌鹑生产的发展。

7. 好斗性　鹌鹑生性好斗，亚洲某些国家把公鹑用作"斗鹑"进行娱乐和表演。种公鹑在繁殖季节常为争夺配偶而打斗，因此应确定合适的配种比例，避免公鹑太多。种鹑要降低饲养密度，一般公母比例为 1∶3，商品鹌鹑在育雏期可以进行断喙处理。但种公鹑不能断喙，否则不能进行正常交配。鹌鹑欺生，对新转入群的鹌鹑有攻击行为，表现啄羽、驱赶。

8. 喜沙浴　野生鹌鹑酷爱沙浴，在沙子中洗澡可以清除体

表寄生虫。由于现代家养鹌鹑基本为笼养，限制了沙浴行为，但即使在笼养条件下，也会用喙摄取饲料撒于身上进行沙浴，或在料槽内沙浴，饲养中应注意避免造成饲料浪费。

三、鹌鹑的经济价值与养殖优势

（一）鹌鹑的经济价值

1. 蛋用价值　鹌鹑蛋是鹌鹑生产的主要产品之一。鹌鹑蛋营养丰富，而且具有一定的滋补功能。据资料介绍，鹌鹑蛋蛋清比例为 60.4%～60.8%，蛋黄比例为 31%～31.4%，蛋壳仅占 7.2%～7.4%，蛋壳膜占 1%。鹌鹑蛋容易消化吸收，蛋白质的生物学价值明显高于鸡蛋。鹌鹑蛋白质含量高达 22.2%，富含谷氨酸，铁、卵磷脂含量远高于鸡蛋，而胆固醇含量低于鸡蛋。鹌鹑蛋维生素 B_1、维生素 B_2 含量丰富。鹌鹑蛋适合深加工，可以加工成皮蛋、卤蛋、鹑蛋罐头等休闲食品，深受消费者欢迎。从近年来鹌鹑鲜蛋的销售情况来看，鹌鹑蛋的批发销售价格每千克要高于鸡蛋 2～3 元，养殖效益明显。

2. 肉用价值　鹌鹑肉肉质鲜美细嫩，不仅具有野味，而且营养丰富，脂肪含量低，历来被视为野味上品，民谚有"要吃飞禽，还是鹌鹑"之说。根据测定，鹑肉的蛋白质含量高达 24.3%，脂肪含量为 3.4%，而胆固醇含量却比鸡肉低。鹑肉味道鲜美，主要原因是谷氨酸、肌苷酸含量高。专门化肉仔鹑 35～40 日龄出栏，活重 200～250 克，饲料转化率 3.6∶1。育肥的蛋用型公鹑和淘汰的产蛋母鹑也深受市场欢迎，适合整只油炸或卤制食用。随着人们消费水平的进一步提高，鹑肉会越来越受人们的欢迎。

3. 其他价值

（1）药用价值　中医学认为，鹌鹑性味甘、平、无毒，入肺、脾经，有消肿利水、补中益气的功效，被视为"动物人参"。《本草纲目》中记载，鹌鹑肉、蛋有"补五脏，益中续气，实筋骨，耐寒暑，消热结之功效"，鹑肉、鹑蛋、鹑血均可入药。《食疗本草》中有"食用该种食物，可以使人变得聪明"的记载。现代营养学研究，鹌鹑蛋富含卵磷脂，对神经衰弱有一定的辅助治疗作用。鹌鹑蛋中苯丙氨酸、酪氨酸及精氨酸等必需氨基酸丰富，是糖尿病、结核病、支气管喘息、贫血、肝炎、营养不良、斑秃、妇女月经不调等患者的很好食品。据国外报道，鹌鹑蛋生吃可治疗过敏症。

（2）实验动物　鹌鹑在国内外被广泛用作实验动物，用于生物学及生物医学领域的科学研究。鹌鹑作为实验动物和模型动物，具有体型小、可密集饲养、耗料少、易饲养、繁殖快、世代间隔短、敏感性好等优点。自 20 世纪 50 年代以来它已在许多学科包括繁殖学、遗传学、营养学、生理学、行为学和毒理学的研究中被应用。国内外不少研究机构已培育出实验用的"无菌鹑"和"近交系鹑"及"无特定病原体（SPF）鹑"，鹌鹑作为实验动物越来越受到人们的重视。利用鹌鹑的敏感性，常用来检测一些有毒物质的毒性，是评价农药安全性试验最常用的动物，在我国鹌鹑已被国家环保局列入《化学农药环境安全评价试验准则》推荐的试验动物，如南京农业大学、江苏省环保研究所以鹌鹑作为实验动物，进行农药半数致死量试验。作为模型动物，鹌鹑在高尿酸血症、高脂血症和动脉粥样硬化、脂肪肝等疾病的研究中得到了广泛应用。

（3）观赏价值　鹌鹑最早驯养是用于观赏和斗鹑，斗鹑是一种有益于身体健康的民间娱乐项目。斗鹑始于我国春秋战国时代，至今在我国许多地方还有斗鹑活动。到唐宋以来鹌鹑又发展成玩赏用，斗鹑普遍性并不亚于斗鸡。据《唐外史》载，西凉地区经过驯化，进贡给唐玄宗的鹌鹑，可以随金鼓的节奏而争斗；宋徽宗更喜欢饲养好斗的鹌鹑，以供取乐。清朝康熙年间贡生陈面麟著有《鹌鹑谱》，书中对 44 个鹌鹑优良品种的特征、特性分别做了叙述，对饲养各法如养法、洗法、饲法、斗法、调法、笼法、杀法，以及 37 种宜忌等均有详细记载。到了明、清年间，斗鹑已成了达官贵人的一种赌博方式。现在在我国许多地方还有斗鹑活动，作为劳动和工作之余的休闲运动，如河南郑州、南阳等地还有斗鹑表演。

（4）**狩猎动物**　鹌鹑和山鸡一样，在国外被用作狩猎鸟类。家养鹌鹑飞翔能力有限，不能高飞，只能进行短距离的滑翔，因此非常适合作为狩猎动物，供游人射杀或捕获。狩猎场在国外非常盛行，是发展旅游业的好项目。随着我国旅游业的进一步发展，鹌鹑作为狩猎动物具有广阔的前景。

（5）**鹌鹑粪**　鹑粪含氮 4.5%、磷 5.2%、钾 2%，比鸡粪高 3 倍；每只鹌鹑年产干粪 1.2 千克。鹌鹑粪经过发酵处理，是小麦、玉米、水稻、瓜果、蔬菜、花卉、烟叶等作物的最佳有机肥料，还可以作为水产养殖的替代饵料。

（二）发展鹌鹑养殖的优势

鹌鹑养殖适合农村资金有限的农户发展。鹌鹑具有高度的适应性，性成熟与体成熟均较其他家禽早，生产周期短，投资相对较少，资金周转快。20 世纪 80 年代就被国家列为"星火计划"项目在全国农村推广，在当前农村贫困人口脱贫、经济结构调整、农民增加收益方面，是一个值得重点推广的好项目。

1. 投入少　鹌鹑养殖业在广大农村地区得到飞速发展的原因就是其投入少，养殖鹌鹑占地面积不大，房前屋后皆可养殖。即使大规模的养鹑场，所占土地、房舍也大大低于其他家禽。由于舍内采取多层笼养设备，鹌鹑笼结构简单，饲养密度又大，所以建筑、设施、资金投入都比其他家禽要低得多。对劳动力的要求也不是很高，不需要繁重的体力劳动。另外，家鹑的适应性和抗病力强，用于防疫的药物开支也很低。

2. 资金周转快　无论蛋用型还是肉用型鹌鹑，40～50 天即可获得投资回报。肉用型鹌鹑 35 日龄时可达到 200 克以上，仅耗饲料 700 克左右；蛋用型全年产蛋大约 280 枚，总重量达 3 000 克，为其体重的 20 倍。所以，饲养鹌鹑相对于其他家禽来说，资金周转要快得多。

3. 劳动效率高　饲养鹌鹑棚舍小、占地少、单位面积饲养量高于鸡。笼养时 3.3 米 ^{2} 房舍地面可饲养产蛋鹌鹑 500 只（以 5 层笼计），且饲养劳动效率高，每人可饲养蛋用鹌鹑 2.5 万只，机械化养鹑则饲养量更大。

四、鹌鹑养殖前景、风险与效益分析

（一）鹌鹑养殖前景

鹌鹑养殖投入小、见效快，可优化畜牧业结构，是解决贫困人口脱贫致富的好项目。随着社会经济的发展和生活水平的不断提高，城乡居民可支配收入逐年增加，人们的消费观念和生活方式也发生了很大变化。饮食上，人们更加注重口味、营养和健康，鹑蛋具有较高的营养价值和保健作用，鹑肉是高蛋白、低脂肪、低胆固醇食品，被作为高档滋补珍品和药膳的重要原料。人们在饮食需求方面的新变化，会拉动鹑蛋和鹑肉的需求，为鹌鹑产业发展提供广阔的消费市场。随着人们收入的增加和保健意识的增强，对优质禽肉的需求逐步增加，鹌鹑肉会逐步走上人们的餐桌。肉用鹌鹑养殖在我国北方发展较慢，今后应逐步引种发展，丰富人们的饮食类型。

（二）鹌鹑养殖主要风险

1. 引种风险　从 20 世纪 80 年代开始，陆续从国外引进了一些先进饲养技术和鹌鹑优良品种，坚持自繁自养，目前我国种鹑市场比较混乱，品种退化严重，鹌鹑养殖行业的良种繁育体系始终没有建立起来。我国北方供种企业少，种苗主要依赖南方，市场上推广的鹌鹑大多来源于江西省几个孵化场或育种场，鹌鹑的遗传资源有限，遗传多样性下降，致使很多生产群应激能力下降，适应性降低。已培育出的鹌鹑品系和配套系多数没有通过有关部门鉴定和验收就在市场推广，缺乏品种质量监管。我国国内的良种繁育场较少，种鹌鹑养殖由农民个体养殖户和小企业承担，这些企业和养殖户由于受经济利益影响，再加上缺乏选种、配种和育种的相关知识、资金和意识，优秀种鹑性能在生产中逐渐退化，致使其好的生产性能难以延续，而许多优良品系却无法在生产中得到发展。

2. 疫病风险　鹌鹑常见疾病有 20 余种，主要有新城疫、禽流感、鹌鹑痘、马立克氏病、白痢病、溃疡性肠炎、鹌鹑伤寒、鹌鹑啄癖、支气管炎、球虫病等。但目前国内对鹌鹑疾病的防控与防治研究较少，疾病防治不规范。主要疾病如新城疫、禽流感、传染性支气管炎等的预防缺乏科学的免疫程序，也没有相应的专用疫苗和药物，以至于生产中养鹑户常无奈地将鸡的免疫程序，甚至用药的种类、剂量、投药方法在鹌鹑养殖上生搬硬套，无抗体检测标准与服务。这种状况严重影响鹌鹑生产性能的发挥，甚至危及种鹑市场的安全和稳定。

3. 市场风险　鹌鹑生产在国内属特禽养殖项目，消费市场的培育需要一个过程，缺少规模化、标准化、集约化的养殖加工龙头企业带动，没有形成专业村、专业乡、养殖基地等区域化养殖模式，相关的养殖协会、专业技术合作社并没有在鹌鹑养殖中发挥应有的作用，这既不利于蛋鹑生产技术的进步，又不利于产品的销售，阻碍了蛋鹑的产业化发展进程。从鹌鹑蛋行情分析，鹌鹑蛋价格每年都有一个价格波动期，供需市场决定鹌鹑蛋价格走势，养鹑户可以根据当地养殖规模和季节调整存栏量。另外，养鹑户要时刻关注鸡蛋的价格走势，因为某种程度上鹌鹑蛋价格会随着鸡蛋的走势而变化。每年鹌鹑蛋的价格趋势为"两头高，中间低"。年初和年底鹌鹑蛋价格稍高，最低的月份当属 7 月份。由此分析，鹌鹑蛋在天冷和逢年过节价格会升高，此时为市场需求旺季；在天气热、又无节日时价格会低，为市场需求的淡季。

（三）经济效益分析

现以养殖 1 万只蛋用鹌鹑为例，分析前期投入和年经济效益。

1. 产蛋前投入分析　鹌鹑养殖前期投资的主要项目有：母鹑苗、育雏饲料、房舍与育雏用具折旧、水电、燃料、疫苗药品、人工工资等。鹌鹑母苗每只 0.8 元，1 万只需要 8 000 元。鹌鹑从育雏开始到 45 天产蛋，需要饲料 750 克，按每千克育雏饲料 3.6 元计算，1 万只共需要 2.7 万元。房舍育雏设备（网上平养）按 10 年计算，每批折旧费 500 元，防疫消毒费用按每只 0.05元，共需 500 元，水电费用全期 100 元，燃料费 300 元，投入总计 38 900 元。蛋用鹌鹑产蛋前投入见表 1-1。每只鹌鹑前期投入 4 元周转资金就可以见到效益，饲养蛋鸡大概每只要投入 30 元左右。鹌鹑为多层笼养（一般为 6 层），重叠式、半阶梯式鹌鹑笼占地面积少，每平方米房舍面积年产蛋量达到 426 千克（蛋鸡为 316 千克）。饲养 1 千只蛋鸡舍可以饲养蛋鹑至少 1.2 万只。

表 1-1　1 万只蛋用鹌鹑开产前投入

投入项目	费用（元）	投入项目	费用（元）
雏鹑成本	8000	防疫消毒	500
饲料费用	27000	燃料费	300
育雏设施折旧	500	育雏水电	500
产蛋笼具折旧	1100	人工工资	2000
总　　计：40000			

2. 产蛋期效益分析 鹌鹑从 45 日龄开始产蛋，按产蛋期 12 个月计算，平均每只产蛋 3 千克，按平均产蛋期成活率 95% 计算，产鹌蛋 28 500 千克，鹌蛋按全年平均 9 元/千克计算，共收入 25.65 万元。鹌鹑粪便收入 90 吨×150 元，合计 13 500 元。淘汰母鹑每只 1 元，合计 0.9 万元。总收入合计 27.9 万元。饲料消耗每只每天 25 克，按平均产蛋期成活率 95% 计算，12 个月共计 85.5 吨，按每吨饲料 2 600 元，投入 22.23 万元。全年水电费 2 000 元，药品疫苗投入 1 000 元。总投入 22.53 万元。平均每万只产蛋鹌鹑每年获利 5.37 万元。每个劳动力可以饲养 2.5 万只，获利超过 13 万元。

五、鹌鹑养殖场资金筹措渠道

（一）农户小额信用贷款

为支持农业和农村经济的发展，提高农村信用合作社信贷服务水平，增加对农户和农业生产的信贷投入，简化贷款手续，根据《中华人民共和国中国人民银行法》和《中华人民共和国商业银行法》及《贷款通则》等有关法律、法规和规章的规定，农村信用社于 2001 年推出了农户小额信用贷款。农户小额信用贷款是指农村信用社基于农户的信誉，在核定的额度和期限内向农户发放的不需抵押、担保的贷款。它适用于主要从事农村土地耕作或者其他与农村经济发展有关的生产经营活动的农民、个体经营户等。农户小额信用贷款的本质特征是贷款，偿还性是信贷资金的第一原则。它既不同于一般商业金融的贷款，也有异于国外的一些机构捐助性资金的运作，更不同于财政资金的扶贫补贴。因此，农户小额信用贷款的高收贷率是维持其贷款活动的持续不间断进行的最根本前提。

农户小额信用贷款使用农户贷款证。贷款证以农户为单位，一户一证，不得出租、出借或转让。对已核定贷款额度的农户，在期限和额度内农户凭贷款证、户口簿或身份证到信用社办理贷款，或由信用社信贷人员根据农户要求到农户家中直接发放，逐笔填写借据。农户小额信用贷款期限根据生产经营活动的周期确定，原则上不超过1年。因特大自然灾害而造成绝收的，可延期归还。农户小额信用贷款按人民银行公布的贷款基准利率和浮动幅度适当优惠。

（二）邮储银行小额贷款

邮储银行小额贷款业务是中国邮政储蓄银行面向农户和商户（小企业主）推出的贷款产品。农户小额贷款是指向农户发放的用于满足其农业种植、养殖或生产经营需要的短期贷款。商户小额贷款是指向城乡地区从事生产、贸易等活动的私营企业主（包括个人独资企业主、合伙企业合伙人、有限责任公司个人股东等）、个体工商户和城镇个体经营者等小企业主发放的用于满足其生产经营资金需求的贷款。

邮储银行小额贷款品种有农户联保贷款、农户保证贷款、商户联保贷款和商户保证贷款4种。农户贷款指向农户发放用于满足其农业种养殖或生产经营的短期贷款，由满足条件（有固定职业或稳定收入）的自然人提供保证，即农户保证贷款；也可以由3～5户同等条件的农户组成联保小组，小组成员相互承担连带保证责任，即农户联保贷款。商户贷款指向小微企业主发放的用于满足其生产经营或临时资金周转需要的短期贷款，由满足条件的自然人提供保证，即商户保证贷款；也可以由3户同等条件的小微企业主组成联保小组，小组成员相互承担连带保证责任，即商户联保贷款。

农户保证贷款和农户联保贷款单户的最高贷款额度为5万元，商户保证贷款或联保贷款最高贷款金额为10万元。期限以月为单位，最短为1个月，最长为12个月。还款方式有一次性

还本付息法、等额本息还款法、阶段性等额本息还款法等多种方式可供选择。

（三）小额担保贷款

小额担保贷款是国家为了鼓励创业和解决再就业个人资金困难而设立的一项利民政策。小额担保贷款是由当地财政部负责贴补利率，人力资源部门负责审查经营项目，经办银行负责发放及管理贷款的国家针对就业等问题的措施。全国大部分省（市）最高放贷金额都在 10 万元以内，一般为 5 万元，贷款期限 2 年，贷款到期后最长可以展期 2 年。按照小额担保贷款相关政策，从事微利项目的个体工商户、个人独资企业和合伙组织起来就业的经济实体发放的小额担保贷款，享受财政全额贴息，展期不贴息。

具体申请在当地就业服务机构办理，基本条件：要求有本地户口，在法定的劳动年龄内，诚实信用，从事自谋职业、自主创业和合伙组织起来就业在经营过程中资金不足的，可按规定申请小额担保贷款。申请条件：持有效工商营业执照、税务登记证；有固定的经营场地和一定的自有资金；经营项目符合国家有关规定，并与登记经营范围相符；具备还贷能力和相应的担保能力，信用良好。有创业愿望和具备创业条件的高毕业生纳入小额担保贷款政策扶持范围。

（四）扶贫贷款

"精准扶贫、精准脱贫"是党和国家保障和改善民生的重要要求。中共十八届五中全会公报、"十三五"规划建议纲要、2015年经济工作会议均将精准扶贫放在共享发展理念和改善民生的重要地位。金融扶贫是精准扶贫的重要方面，促进精准扶贫、精准脱贫是金融扶贫工作的基本出发点。2015 年 11 月 29 日颁布的《中共中央、国务院关于打赢脱贫攻坚战的决定》明确提出"实施精准扶贫方略，加快贫困人口精准脱贫"和"加大金融扶贫力度，鼓励和引导商业性、政策性、开发性、合作性等各类金融机构加大对扶贫开发的金融支持"。商业银行方面，该《决定》明确要求"中国农业银行、邮政储蓄银行、农村信用社等金融机构要延伸服务网络，创新金融产品，增加贫困地区信贷投放。"2016年1月15日，中国人民银行召开"两权"抵押贷款试点和金融扶贫工作座谈会。会议要求"金融机构要以普惠金融理念引领扶贫开发金融服务，全面推进深化农村支付服务环境建设，提升农村基础金融服务水平。加强与建档立卡和信用体系有效对接，大力发展扶贫小额信贷、创业担保贷款、扶贫贴息贷款等金融产品。"

精准扶贫专项贷款一般只能用于贫困户从事种植、养殖、农产品加工、运输、商业流通、农家饭店等生产经营活动，不得用于结婚、建房等非生产性方面，具体发展产业由镇、村两级指导确定。贫困户贷款金额按照各自需求确定（原则上按每人1万元贷款额度计算），以户为单位申请，每户金额控制在5万元（含）以下，贷款期限按照借款人贷款用途确定，贷款期限3年以内。贷款利率执行中国人民银行同期基准利率。对贫困户贷款按年结息和贴息，贷款人在贷款期限内产生的利息申请省财政厅进行全额贴息。每年12月20日为结息日。贴息采取"先收后贴"的原则，对贷款人未按期偿还贷款及其他违约行为而产生的逾期贷款利息、罚息，不予贴息。

第二章
鹌鹑养殖设施准备

一、鹌鹑场场址选择

鹌鹑场场址的选择是鹌鹑规模化养殖的第一步，合理选择场址对于安全生产、保证产品质量至关重要。过去庭院养殖不利于鹌鹑疫病预防，而且会造成生活环境的污染。鹌鹑场场址选择的原则要求如下：有利于鹌鹑防疫；方便饲料原料与产品运输；有利于降低建场费用和保护生活环境。

（一）交通便利

养鹑场应选择交通便利的地方，方便饲料、产品等物资的运输。如一个 10 万只规模鹌鹑饲养场年消耗饲料达到 900 吨，生产鹑蛋 300 吨，鹑粪 500 吨。但为了防疫要求，应远离铁路、交通要道、车辆来往频繁的地方，距离干线公路、村镇居民点 500 米以上。一般都是修建专用辅道，与主要公路相连。为了减少道路修建成本，应选择地势平坦、距离主要公路不太远的地方。

（二）供电稳定

现代化养鹑离不开稳定的电力供应。鹑舍照明、种蛋孵化、饲料生产、育雏供暖、机械通风、饮水供应及生活等都离不开电。养鹑场必须建在电力供应稳定的地方。

（三）保护环境

养鹑场应参照国家有关法律、法规的规定，避开水源防护区、风景名胜区、人口密集区等环境敏感地区，远离村镇、城市边缘，避免粪便、污水对环境的影响。养鹑场要配套建设粪便处理设施，集中处理粪便，变废为宝，增加养殖收入。

（四）防疫要求

不要在土质被传染病病原体或寄生虫所污染的地方和旧养禽场上建场或扩建。种鹑场场址应与集贸市场、兽医院、屠宰场、畜禽养殖场距离 1 000 米以上。种鹑场、孵化场和商品（肉、蛋）鹑场必须严格分开，相距 50 米以上，并要有隔离林带。

（五）远离工厂

养鹑场应远离重工业工厂和化工厂。因为这些工厂排放的废水、废气中，经常含有重金属、有害气体及烟尘，污染空气和水源。它不但危害鹑群健康，而且这些有害的物质在蛋和肉中积留，对人体也是有害的。养鹑场、鹑蛋、鹑肉运输贮存单位周围 3 千米内无大型化工厂、矿厂。

（六）远离噪声

养鹑场应尽量选择在安静的地方，避免鹑群受到应激影响，特别是产蛋阶段鹌鹑对噪声非常敏感。养鹑场距离飞机场、飞机刚起飞后通过的区域、铁路、公路、炮兵营、靶场有一定的距离，至少 500 米。

（七）地形地势

养鹑场应选择地势高燥、背风向阳、平坦开阔、通风良好的地方建场。地势高燥有利于排水，避免雨季造成场地泥泞、鹑舍潮湿，平原地区应避免在低洼潮湿或容易积水处建场，地下水位在2米以下。背风向阳的地方冬季鹑舍温度高，可降低育雏费用，而且阳光充足，有利于鹑群健康。

（八）土质土壤

要求土质的透气、透水性能好，抗压性强，以沙壤土为好。土壤质量符合土壤环境质量标准（GB 15618—1995）的规定。根据土壤应用功能和保护目标养鹑场为一类土壤环境质量，执行一级标准（表2-1）。

表2-1　土壤质量一级标准　（毫克/千克）

项　目	指　标
砷	≤ 15
汞	≤ 0.15
铅	≤ 35
铜	≤ 35
铬	≤ 90
镉	≤ 0.20
锌	≤ 100
镍	≤ 40
六六六	≤ 0.05
滴滴涕	≤ 0.05

注：①重金属（铬主要是三价）和砷均按元素量计；
　　②六六六为4种异构体总量，滴滴涕为4种衍生物总量。

（九）水源水质

地下水源丰富、水质好、无污染、无异臭或异味，还要了解水质酸碱度、硬度、透明度、有害化学物质含量。与水源有关的地方病高发区，不能作为无公害家禽产品的生产、加工地。鹌鹑场周围 500 米范围内，水源上游没有对产地环境构成威胁的污染源，包括工业"三废"、农业废弃物、医院污水及废弃物、城市垃圾和生活污水等污物。水质符合《无公害食品　畜禽饮用水水质》（NY 5027—2008）的要求。畜禽饮用水质量指标见表 2-2。

表 2-2　畜禽饮用水质量指标

项　　目	单　　位	指　　标
pH 值		6.5～8.5
砷	毫克 / 升	≤ 0.05
汞	毫克 / 升	≤ 0.001
铅	毫克 / 升	≤ 0.05
铜	毫克 / 升	≤ 1.0
铬（六价）	毫克 / 升	≤ 0.05
镉	毫克 / 升	≤ 0.01
氰化物	毫克 / 升	≤ 0.05
氟化物（以 F 计）	毫克 / 升	≤ 1.0
氯化物（以 Cl 计）	毫克 / 升	≤ 250
六六六	毫克 / 升	≤ 0.001
滴滴涕	毫克 / 升	≤ 0.005
细菌总数	个 / 升	≤ 100
大肠菌群	个 / 升	≤ 3

（十）空气质量

养鹌场空气质量是影响鹌鹑生长、繁殖、健康和产品质量的重要因素。养鹌场空气不好，影响鹌鹑生长，严重时会发生疾病，导致重大经济损失。鹌舍中的氨（NH_3）主要来自粪便、排泄物等含氮有机物的分解，特别是在厌氧条件下的腐败分解。氨具有强烈的挥发性，对眼、上呼吸道黏膜产生刺激，进入血液可结合血红蛋白造成组织缺氧，甚至造成氨中毒。养鹑场周围环境、空气质量应符合《畜禽场环境质量标准》(NY/T 388—1999)的要求。养鹑场空气环境质量应符合表2-3的要求。

表2-3　养鹑场空气环境质量指标　(毫克/米^3)

项　目	场　区	鹑　舍	
		雏　鹑	成　鹑
氨　气	5	10	15
硫化氢	2	2	10
二氧化碳	750	1500	
可吸入颗粒	1	4	
总悬浮颗粒物	2	8	

二、养鹑场场区规划布局

　　规模化养鹑场生产区、生活区与行政区应严格分离。防疫设施要健全，场区大门和进入生产区的门要设有车辆消毒通道和人员专用消毒通道，外来车辆和人员经过严格消毒后才能进入场区。饲养人员还需要经过第二次消毒，更换工作服才能进入生产区。生产区又分为育雏、商品蛋鹑、种鹑区。孵化室要单独设立，与生产区有一定距离（50米以上）。饲料房要靠近生产区，方便饲料使用。按照场区风向与地表径流布局，从上风向到下风向（或从高到低位）依次为生活区、行政区、生产区、粪污区。饲养人员、鹌鹑和物资运转应采取单一流向，净道与污道单独设置，避免交叉污染。

三、鹑舍的类型与建造要求

（一）鹑舍类型

1. 育雏舍 饲养 30 日龄前的雏鹑专用房舍，房舍要求有加温设施，保温隔热是育雏舍的基本要求。养鹑户饲养雏鹑可以利用旧房舍进行改造，加温方式有火炕、地下火道。规模养殖最好用水暖或热风炉加热，水暖加热要建有专门的锅炉房。

2. 产蛋舍 鹌鹑属于高产家禽，需要舍内饲养，尽量创造稳定的生活与生产环境，保证全年均衡生产。蛋用鹌鹑 30 日龄后即可转入产蛋舍笼养，产蛋期鹌鹑为多层笼养，45 日龄进入产蛋期，产蛋 1 年后淘汰。产蛋舍一般不需要加温，设计要求是便于摆放鹌鹑笼具、通风良好、留有走道、方便生产。

（二）鹌鹑舍建造要求

鹌鹑舍是鹌鹑采食饮水、生长发育、交配、产蛋的场所，鹌鹑对饲养环境要求较高，鹌鹑舍的环境条件直接影响鹌鹑生产水平和健康状况。家庭养鹑，不必特意建造鹑舍，可以利用空闲房屋，但饲养数量较多的专业养鹑户和规模场，就必须建设标准的鹑舍。鹑舍建造主要考虑以下几个条件。

1. 保温隔热性能好 鹌鹑对温度极为敏感，尤其是低温对其影响很大，在育雏阶段需要有较高的环境温度。良好的隔热性能能够保证鹑舍冬暖夏凉，减少能源消耗，保持鹌鹑高产。育雏适宜的温度为 30℃～36℃，成年鹌鹑最适温度为 20℃～25℃。产蛋舍内温度低于 10℃，产蛋率会显著下降，甚至停产换羽。产蛋舍温度高于 30℃，鹌鹑张嘴呼吸，食欲减退，产蛋率下降，蛋壳变薄。因此，鹌鹑舍建造时墙体、房顶要厚实，房顶要有隔热层，内部要设置顶棚。门窗设计要严密，北侧窗户要小，冬季封闭不用。

2. 采光条件好 充足的光照可以促进机体新陈代谢，从而增进食欲，提高生长速度，同时还能促进鹌鹑性成熟和提高种鹌鹑产蛋率。鹌鹑舍的建筑一般应坐北朝南或坐西北朝东南，以利于自然采光，降低人工光照成本。鹑舍向阳侧窗户稍大，约占整个墙面的1/3。笼养蛋鹑每天需要保持16小时光照，自然光线不足时，要采用人工补充光照。采光良好的鹑舍可以节省电能消耗。

3. 通风防潮 鹑舍要安装风机，并留有进气口，保证鹌鹑舍通风良好，可使鹌鹑舍保持干燥，降低鹌鹑舍内氨气和二氧化碳等有害气体的含量，以确保鹌鹑正常的新陈代谢，从而有利于鹌鹑的健康生长与产蛋。小型鹑舍安装排气风扇即可，进行负压通风。夏季通风良好，还可以降低鹌鹑舍的温度、湿度，减少热应激。一般要求舍内空气相对湿度为55%，潮湿闷热环境易诱发球虫病、胃肠炎与禽霍乱等疾病。在南方潮湿地区建舍，地面要有防潮层。

4. 有利于卫生防疫 鹌鹑舍内以水泥地面为好，便于冲洗消毒，能耐酸、碱等消毒药液的浸泡。地面应平整、光滑、略有坡度，不积水。还应留有下水道口，以便冲洗鹑舍。鹌鹑舍入口处设有消毒池或消毒盆。鹌鹑舍封闭性要好，以防鼠、猫和黄鼠狼等天敌入侵。还应有防鸟设备，防止飞鸟进入，传播疫情。在进出气孔、下水道口、窗户都要设置铁丝网，防止其他动物（飞鸟、老鼠、野兽）进入鹑舍。

四、鹌鹑养殖设备

（一）笼具设施

鹌鹑个体小，各阶段都适合笼养，特别是产蛋期几乎全部为多层笼养。因此，鹌鹑笼具是鹌鹑生产的主要设备。鹌鹑规模养殖在我国发展了30多年，但各地的笼具生产厂家结构都有所差异，各阶段鹌鹑笼也不同，主要以叠层式为主，人工加料为主。但新型的阶梯式、自动上料的鹌鹑笼也已经研制成功，在生产中得到了应用。中小型养鹑户也可以按照不同生长阶段自制笼具。

1. 雏鹑笼　主要供0～3周龄的雏鹑使用，也可以养到5周龄后直接转入产蛋笼。育雏笼一般为叠层式，4～6层，规格为120厘米×60厘米×25厘米，底网为6毫米×6毫米或10毫米×10毫米金属镀锌网板，网底设承粪盘（图2-1）。单笼放入150只雏鹑。为了保证雏鹑腿部的正常发育，育雏前1周要求在笼底铺上垫布，经常清洗更换。给温室用木板或塑料制作，正面设玻璃小窗，便于观察。热源可采用白炽灯、电热线（300瓦、串联、均匀分布）、电热管（板）等。配置专用料盘与饮水器。

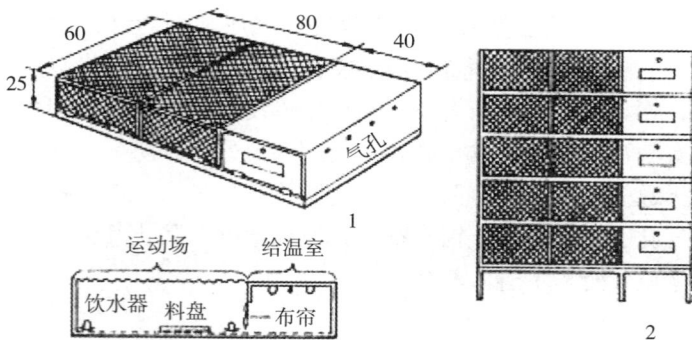

图2-1　鹌鹑育雏笼　（单位：厘米）
1. 单层规格　2. 横截面

2. 育成笼　供4～6周龄鹌鹑使用，也可以饲养育肥仔鹑，规格与成鹑笼结构相似，无集蛋槽。单笼高12厘米，上、下两单笼间距 18 厘米，有利于通风，减少跳跃。单笼可以饲养60 只育成鹑（图 2-2）。

3. 产蛋笼 专供产蛋鹌鹑使用。产蛋笼要求适度宽敞，确保正常配种、采食、饮水和减少破蛋率。按笼子形状来分，有重叠式（图 2-3）、阶梯式（图 2-4）两种。其中重

图 2-2 育 成 笼

叠式占地面积少，造价低，生产中应用较普遍。河南省武陟县谢旗营鹌鹑养殖基地鹌鹑产蛋笼，重叠式 6 层，总高度 150 厘米，每层笼前沿高 16 厘米，后沿高 13 厘米，加上承粪板共 25 厘米。承粪板用胶板，耐腐蚀，也可以 2～3 层接一张承粪板，这样比较省事，减少清粪劳动强度。笼壁棚条间距 2.5 厘米，底网网眼 20 毫米×20 毫米或 20 毫米×15 毫米。产蛋笼（种鹑笼）底网有一定倾斜度，便于鹑蛋滚到集蛋槽，集蛋槽宽度 18 厘米，可以存放鹌鹑 2 天所产的蛋。阶梯式产蛋笼可以设计成刮粪板自动清粪，料机自动喂料，但要注意料槽足够深，防止撒料（图 2-5）。

图 2-3 重叠式产蛋笼

图 2-4　阶梯式产蛋笼

图 2-5　带自动加料、自动清粪的产蛋笼

图 2-6　五层种鹑笼

4. 种鹑笼　为了便于交配，种鹑笼要适当增加每层高度，每层笼加承粪板总高度由商品蛋鹑的 25 厘米增加到 30 厘米。总层数由 6 层减为 5 层。饲养密度，蛋种鹑每平方米 60 只，肉种鹑每平方米 48 只（图 2-6）。

5. 周转笼　用于鹌鹑转群或商品鹌鹑出售时，一般为细钢筋作框，塑料网片围成。转群周转笼长度 75 厘米，宽度 60 厘米，高度 30 厘米，每笼分为 2 层，可以周转雏鹑 200～300 只，淘汰蛋鹑 150～200 只（图 2-7）。

图 2-7　鹌鹑转群周转笼

（二）育雏网床

网床育雏是一种比较科学的鹌鹑育雏工艺，尤其适合 15 日龄以内的雏鹑。其优点是在一个平面进行育雏，便于饲养人员加料、加水，观察鹑群；而且光照强度合理，育雏成活率高。网面大小根据房舍面积而定，要求方便网床摆放，中间需要留有走道，方便饲养人员走动。网床底网高度 100 厘米，边网高度 30 厘米，网长度 250 厘米，宽度 100 厘米，可以饲养 15 天以内雏鹑 500 只，15 天以后可以转入育成笼或产蛋笼饲养（图 2-8）。

图 2-8　煤炉加热网床育雏

（三）育雏加温设备

鹌鹑育雏期对温度的要求较高，根据育雏规模、饲养方式的不同，需要选择合适的加温设备。

1. 水暖加热（暖气） 是一种传统的房舍加热方法，主要用于民用加热，现在已经广泛用于家禽养殖育雏舍的供温。水暖加热由燃煤或燃气锅炉、热水管道、水循环泵、散热片、散热风机等组成。水暖加热运行平稳，不易造成鹑舍太干燥，温度可以实现自动控制，用于规模化鹌鹑育雏。见图 2-9。

图 2-9　水暖加热系统

图2-10　GMF全自动燃煤热风机

2. 热风炉　热风炉是一种先进的供暖装置，广泛应用于畜禽舍加温。热风炉由室外加热炉、舍内送风管道等部分组成（图2-10）。燃料主要以烧煤为主。自动控制进风量，自动控制热风输出，自动控制环境温度；独有整体保温隔热设计，热损耗降低；升温快，体积小，安装方便，使用可靠，且价格低（与锅炉水暖加热相比，该加热系统只相当于水暖加热的一半）。热风炉加热的缺点是容易造成鹑舍湿度过低，注意加湿。

3. 火道加热　火道加热是小型养鹑户使用较多的一种加温方式，设施建造成本低，加热费用小（图2-11）。但要注意火道要密封好，炉灶最好要设在舍外，墙外侧建一个较高的烟囱（高出鹑舍1米以上）。火道加热对地面平养育雏、火炕育雏、网上平养育雏较为适宜。

图2-11　网下火道及炉灶

4. 火炉供温　火炉由炉灶和铁皮烟筒组成。炉灶可以放在舍内、也可以设在舍外，炉上加铁皮烟筒，在舍内提供热量后，烟筒伸出舍外,烟筒的接口处必须密封,以防煤烟漏出致使雏鹑发生煤气中毒死亡。此方法适用于中小规模的养鹑场育雏使用,或北方产蛋期辅助加热。火炉供温方便简单,但容易造成温度忽冷忽热,注意夜间管理。后半夜如果煤炉灭火会造成雏鹑扎堆压死。

(四)喂料饮水设备

1. 采食设备　雏鹑用开食盘喂料,均匀摆放在网面或笼内。开食盘使用时间为1周,平养1周后改用小料桶喂料,避免造成饲料的浪费。鹌鹑上笼后需要用料槽喂料,挂在笼边,方便采食。料槽一般用塑料制成,便于添料、冲洗和消毒。在料槽内饲料上铺上一块铁丝网,网眼10毫米×10毫米,防止鹌鹑把饲料钩出槽外(图2-12至图2-14)。

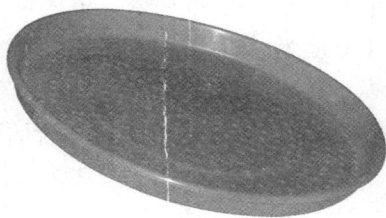

图2-12　开食盘

图2-13　雏鹑料桶

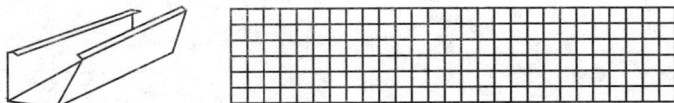

图2-14　笼养料槽与铁丝网片

2. 饮水设备　育雏期鹌鹑需要用自制简易饮水设备,方法为用玻璃罐头瓶装上水后倒扣在一个小瓷碟上,小碟中比较浅的水面可供雏鹑饮用，避免雏鹑把羽毛弄湿（图2-15）。上笼后的鹌鹑现在普遍用自动杯式饮水器饮水（图2-16），连接自来水管或储水罐，自动饮水杯设置在每层笼的两侧即可，也可以用自制饮水杯（罐）挂在笼子前网一侧。过去长条形水槽很少使用，容易漏水，清洗、消毒不方便。网上平养自动杯式饮水器设置见图2-17。

图2-15　雏鹑饮水器

图2-16　笼养杯式饮水器

图2-17　网床育雏饮水器设计

3. 加料车　为上宽下窄大轮车。上口宽50厘米，下底宽40厘米，深度40厘米，料车长度150厘米，可以装料120千克。

4. 蛋筐　鹌鹑蛋在进行收集、贮存、运输时需要用到蛋筐。捡蛋时用小型捡蛋筐，方便捡蛋人员手持。塑料贮蛋筐适合商品蛋贮存与运输，每箱可装蛋15千克左右（图2-18，图2-19）。

图2-18　捡　蛋　筐

图2-19　塑料蛋筐

第三章
鹌鹑品种与繁育技术

一、鹌鹑的主要品种

现代家养鹌鹑按用途分为蛋用型和肉用型两大类，每类都有若干高产培育品种或品系在生产中应用。

（一）蛋用鹌鹑品种

1. 朝鲜鹌鹑　育成于朝鲜，是目前国内外分布最广、饲养数量最多、养殖历史最悠久的品种。该品种适应性好，产蛋性能高，抗病力强。成年鹌鹑羽毛呈栗褐色，公鹌鹑脸部、下颌及喉部呈淡褐色，胸部羽毛为砖红色；母鹌鹑面部呈淡褐色，下颌呈灰白色，胸部羽毛为灰白色并有匀称的小黑点。成年体重公鹌鹑平均130克，母鹌鹑150克。40日龄开始产蛋，年产蛋量280枚以上，平均蛋重12克，蛋壳有棕色或青紫色的斑块或斑点，单只日耗饲料24克左右，料蛋比为3∶1。朝鲜鹌鹑引入我国后利用率较高，目前多作为自别雌雄配套系母本品系。李明丽（2012）对朝鲜鹌鹑早期体重与38日龄屠宰性能进行了测定，见表3-1、表3-2。公、母鹑10日龄体重差异不显著（$P > 0.05$），其他日龄母鹑体重均极显著（$P < 0.01$）大于公鹑体重，母鹌鹑的半净膛率和胸肌率显著高于公鹑（$P < 0.05$）。试验结果显示，38日龄朝鲜鹌鹑的屠宰率在89％以上，全净膛率在62％以上，

表明朝鲜鹌鹑的产肉性能也较好。

表 3-1　不同日龄朝鲜鹌鹑体重发育　（克）

日　　龄	公鹌鹑	母鹌鹑	平　　均
10	28.06	28.83	28.45
17	50.36	52.48	51.42
24	74.60	78.16	76.38
31	97.17	101.94	90.01
38	109.39	117.92	113.66

表 3-2　38 日龄公、母鹑的主要屠宰性能指标　（％）

屠宰性能指标	公	母	平　　均
屠宰率	89.58	89.71	89.64
半净膛率	79.30	79.73	79.52
全净膛率	62.60	62.69	62.65
腿肌率	19.86	19.53	19.70
胸肌率	30.76	31.46	31.10

　　朝鲜鹌鹑引入我国后羽色发生了白羽、黄羽和黑羽等一些羽色突变，在我国鹌鹑育种工作者的努力下，人们从朝鲜鹌鹑群体中分离、纯化并培育出了相应的羽色突变系，如北京白羽鹌鹑、中国黄羽鹌鹑和黑羽鹌鹑等。

　　2. 中国白羽鹌鹑　由北京市种鹌鹑场、中国农业大学和南京农业大学等联合育成的白羽鹌鹑新品系，为隐性白羽纯系，由朝鲜鹌鹑白羽突变个体选育而成。中国白羽鹌鹑白色羽毛，偶有黄色条斑，眼粉红色，喙、胫、脚为肉色。年产蛋数和蛋重均超过了朝鲜鹌鹑。白羽基因为隐性伴性遗传基因，白羽鹌鹑可作为自别雌雄配套系的父本使用，自别雌雄配套模式为中国白羽鹌鹑公鹑与有色羽母鹑交配，后代出壳后即可按羽色自别雌雄。浅黄色为母鹌鹑（后变为白色），有色羽为公鹌鹑。中国白羽鹌鹑成年体重公鹑 130～140 克，母鹑 160～180 克。6 周龄开产，年平均产蛋率 85% 左右，蛋重 11.5～13.5 克，蛋壳有斑块与斑点，每天每只鹌鹑耗料 23～25 克，料蛋比为 2.73∶1。种蛋利用日龄为 90～300 天，受精率 90% 以上。中国白羽鹌鹑育雏期视力差，育雏对光照要求高。

3. 中国黄羽鹌鹑　朝鲜鹌鹑中隐性黄羽突变类型很早就被人们发现，南京农业大学种鹌鹑场首先育成并推广。中国黄羽鹌鹑体羽浅黄色，夹杂褐色斑纹。初生雏胎毛浅黄色，喙、脚浅褐色。6 周龄开产，年产蛋量 260～300 枚，年平均产蛋率 83%，蛋重 11～12 克，料蛋比 2.7∶1，蛋壳颜色同朝鲜蛋鹑。中国黄羽鹌鹑适应性较强，耐粗饲，生产性能稳定；具有隐性伴性遗传特性，为自别雌雄配套系父本品系，商品代出壳后可根据胎毛颜色自别雌雄。该品种适应性广，育雏期容易管理，成活率高，耐粗饲，生产性能稳定，体质较好，抗病力强，饲养期为 14 个月，自然淘汰率 5%～10%。河南科技大学庞有志等（2009）对成年黄羽鹌鹑体尺指标进行了测定，测定结果见表 3-3。

表 3-3　黄羽鹌鹑的主要体尺与体重

性　别	胫长（厘米）	胸宽（厘米）	胸深（厘米）	胸骨长（厘米）	体斜长（厘米）	体重（克）
公　鹑	3.56	3.20	4.49	3.81	8.75	129.08
母　鹑	3.64	3.33	4.65	3.94	9.10	157.58

4. 自别雌雄配套系　根据伴性遗传的交叉遗传规律，在蛋用鹌鹑生产中采用固定的杂交模式，达到子代自别雌雄的目的。这种固定的杂交模式为携带纯合隐性伴性基因的品系作父本，携

带显性伴性基因的品系作母本，杂交一代可根据胎毛颜色自别雌雄，具有较高的育种与生产价值，生产中常用的配套模式有以下3大类。

（1）隐性白羽公×栗羽母（朝鲜鹌鹑、法国肉用鹌鹑等）

图 3-1　白羽自别雌雄配套系商品代　（栗色为公，白色为母）

由北京市种禽公司、中国农业大学和南京农业大学等首先研究成功，经 13 批试验论证杂交一代初生雏淡黄色羽为母雏（初级换羽后即呈白色羽），栗羽则为公雏，自别雌雄准确率100%（图 3-1）。河南科技大学测定，杂交白羽商品代 51 天开产，年产蛋 286 枚，平均蛋重 12 克，料蛋比 2.8∶1。

（2）隐性黄羽公×栗羽母（朝鲜鹌鹑）　由南京农业大学首先进行了配套系测定研究。其商品代雏鹑胎毛颜色为黄色者（背部隐约有深黄色条斑）为母雏，而胎毛颜色为栗褐色者则为公雏（图 3-2）。经多年测交试验，此种正交的杂交雏生命力强，育雏率可达 93% 以上，母鹑生产性能较朝鲜母鹑强。河南科技大学测定，杂交黄羽商品代 49 天开产，年产蛋 281 枚，平均蛋重 11.5 克，料蛋比 2.73∶1。

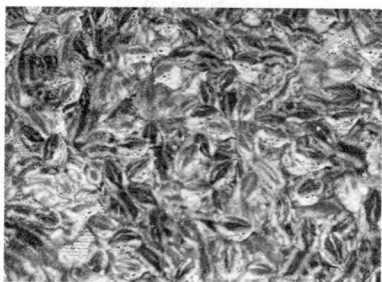

图 3-2　黄羽自别雌雄配套系商品代　（深色为公，浅色为母）

（3）黄羽和白羽正反交　黄羽（♂）×白羽（♀）或黄羽（♀）×白羽（♂），均可组成自别雌雄配套系，后代羽色交叉遗传，这是国内外发现的唯一一种能通过正、反交（双向）自别雌雄的家禽配套系。

（4）三元杂交制种　黄羽系公鹑与朝鲜鹌鹑龙城系母鹑交配，杂交一代自别雌雄，黄羽母鹑再与白羽公鹑交配，杂交二代公鹑为栗羽淘汰，母鹑为白羽利用，见图3-3。

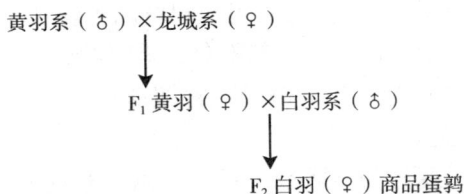

黄羽系（♂）×龙城系（♀）

↓

F_1黄羽（♀）×白羽系（♂）

↓

F_2白羽（♀）商品蛋鹑

图3-3　蛋用鹌鹑三元杂交制种模式一

用白羽系公鹑与朝鲜鹌鹑龙城系母鹑交配，杂交一代自别雌雄，白羽母鹑再与黄羽公鹑交配，杂交二代公鹑为栗羽淘汰，母鹑为黄羽利用，见图3-4。

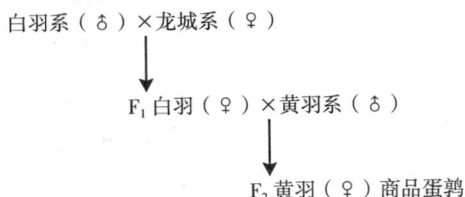

白羽系（♂）×龙城系（♀）

↓

F_1白羽（♀）×黄羽系（♂）

↓

F_2黄羽（♀）商品蛋鹑

图3-4　蛋用鹌鹑三元杂交制种模式二

5. 日本鹌鹑　日本鹌鹑为世界著名的蛋用型品种，育成于日本，以体型小、产蛋多、纯度高而著称于世。日本鹌鹑体羽呈野生型栗褐色，成年公鹑体重110克，母鹑体重140克。母鹌鹑6周龄开产，年产蛋250～300枚，高产品系超过320枚，平均蛋重10.5克，蛋壳有棕褐色或青紫色的斑块或斑点。日本鹌鹑对饲养环境要求较高，要求温度适宜、光照合理、环境安静、空气清新，而且种蛋受精率较低。该品种对饲料中蛋白质含量、原料品质要求较高，适合密集型饲养。我国曾在 20 世纪 30 年代和 50 年代引进饲养，后来品种退化严重，市场上已很难见到日本鹌鹑。近年来武汉市从我国台湾引进日本鹌鹑，用于制作皮蛋或熟蛋制品销往日本。

6. 爱沙尼亚鹌鹑　是蛋肉兼用的鹌鹑品种。体羽为赭石色与暗褐色相间，公鹌鹑前胸部为赭石色，母鹌鹑胸部为带黑斑点的灰褐色。身体呈短颈短尾的圆形。背前部稍高，形成一个峰。母鹌鹑比公鹌鹑重 10%～12%，具飞翔能力，无就巢性。该品种主要生产性能：年产蛋 315 枚，产蛋总量 3.8 千克，平均开产日龄 47 天，成年鹌鹑每天耗料量为 28.6 克，每千克蛋重耗料 2.62 千克。35 日龄时平均活重为公鹌鹑 140 克、母鹌鹑 150 克，平均全净膛重为公鹌鹑 90 克、母鹌鹑 100 克。河南省武陟县有引进饲养。

7. 神丹 1 号鹌鹑配套系　神丹 1 号鹌鹑配套系是由湖北神丹健康食品有限公司与湖北省农业科学院畜牧兽医研究所历经 8 年共同培育的蛋用鹌鹑配套系，2012 年 3 月获得了国家畜禽遗传资源委员会颁发的畜禽新品种配套系证书。神丹 1 号鹌鹑配套系具有体型小、耗料少、产蛋率高、蛋品质好、适合加工、品种性能遗传稳定、群体均匀度好等特点，其商品代鹌鹑育雏成活率 95%，开产日龄 43～47 天，35 周龄入舍鹌鹑产蛋数 155～165 枚，平均蛋重 10～11 克，平均日耗料 21～24 克，料蛋比（2.5～2.7）∶1。35 周龄母鹑体重 150～170 克。

（二）肉用鹌鹑品种

1. 法国迪法克（FM 系）肉鹑　又称法国巨型肉用鹌鹑，是由法国迪法克公司育种中心育成，北京市种鹌鹑场于 1986 年首次引进，其后江苏省江阴市、无锡市也有引进饲养。初生雏鹑胎毛颜色明显、富光泽，头部金黄色胎毛直至 30 日龄后才逐步褪去。14日龄后公鹌鹑胸部长出红棕色羽毛，母鹌鹑则长出灰白色并带有黑色斑点的羽毛，30日龄更换为成年羽色。在我国引进饲养发现，法国迪法克肉鹑生活力与适应性强，性情温顺，种蛋利用期5～6个月，4月龄种鹌鹑平均活重350克。开产日龄38～43天，年平均产蛋率70%～75%，蛋重13.0～14.5克，平均孵化率80%以上。肉用仔鹑42日龄平均活重240克，平均耗料量800克，料重比3.3：1。

2. 法国莎维麦脱肉鹑　由法国莎维麦脱公司育成，体态与羽色基本同迪法克肉鹑，但在生长发育与生产性能方面已超过迪法克肉鹑。据无锡市郊区畜禽良种场鹌鹑分场引种实践，该品种母鹌鹑35～45日龄开产，年产蛋260枚以上，蛋重13.5～14.5克，产蛋期母鹑日采食量33克/只。在公母配比为1：2.5时，种蛋受精率可达90%以上，孵化率85%以上。雏鹑初生重9.1克，成年公鹑体重250～300克，母鹑体重350～400克。肉仔鹑5周龄平均体重超过220克，料重比为2.8：1，生产效率与效益可观。该品种适应性强，疾病少，在全国各地普遍受到欢迎。

3. 法国菲隆玛特肉鹑　为专门化肉用配套系，体型硕大，体羽栗褐色（属野生羽型）。父母代种鹑初生重8.5克，成年体重公鹑260克，母鹑320克。产蛋期母鹑日采食量34克/只，年平均产蛋率76%，平均蛋重13.9克。种用期前20周，每只种鹑可以获得合格种蛋105枚，孵化雏鹑78只。商品肉仔鹑初生重9.8克，28日龄体重190克。

4. 中国白羽肉鹑　由北京市种鹌鹑场、原长春兽医大学等单位，相继从迪法克肉鹑中选育出了纯白羽肉用鹌鹑群体，体型同迪法克鹌鹑，黑眼，喙、胫、趾肉色。经北京市种鹌鹑场测定，成年母鹑体重200～250克，40～50日龄开产，产蛋率70.5%～80%，蛋重12.3～13.5克，每只每天耗料28～30克，90～250日龄采种，受精率为85%～90%。

二、鹌鹑引种技术

1. 引种场要求　种用鹌鹑必须从持有《种畜禽生产经营许可证》的良种场引进，鹑群健康高产，无白痢，不得从疫区和无证场引种，以保证种苗的质量。要求种鹑场具有完整的鹌鹑育种系谱资料记录、日常生产记录（日报表、月报表、年报表）、免疫接种记录等档案资料，保证引进高产后代。

2. 种鹑挑选

（1）基本要求　留种鹌鹑种源要清楚，无白痢感染，初生雏鹑胎毛色泽鲜艳，1 月龄后头部胎毛逐渐消退，成年鹌鹑羽毛富有光泽，羽毛颜色符合品种要求，体质健壮，头小而圆，喙短，颈细长，两眼有神。性情温顺，手握时野性不强，体质健壮，无畸形，肌肉丰满，皮薄腹软。

（2）母鹑要求　体态匀称，体格健壮，活泼好动，食量较大，无疾病。产蛋力强，年平均产蛋率蛋鹑 80% 以上、肉鹑75% 以上。腹部容积大，耻骨间距宽，蛋鹑体重 150 克左右，肉鹑体重 350 克以上。

（3）公鹑要求　雄性羽毛色泽明显，胸部羽毛呈红棕色，泄殖腔腺发达，头较大，喙黑亮，喙尖稍弯曲，胸躯发达，两腿结实，趾爪尖锐，鸣声高亢响亮、声长而连续。体重标准，蛋鹑 115～130 克，肉鹑 250～280 克。肛门深红色，泄殖腔腺隆起，如用手按压有白色泡沫出现（一般公鹑到 50 日龄会出现这种现象），说明已发情，具交配能力，符合上述要求即可选留。

3. 种鹑出场　种鹑出场必须附有《种畜禽合格证》。种鹑出场调运前，按 GB 16567 规定进行检疫，异地引种需要办理《出境动物检疫合格证明》。运载工具装运前按 GB 16567 规定进行清洗消毒，办理《畜禽运载工具消毒证明》。

4. 种鹑运输　随着养鹑业的发展，20～40 日龄的种鹌鹑便于饲养，受到引种者的欢迎。为了保证运输方便与安全，种鹑的包装非常重要。可采用钙塑瓦楞纸制成的鹌鹑运输箱，此种运输箱下底大，上面小，五面均有通气孔，上面 4 角和中间还有十字形支撑，所以重叠在一起运输，能保持通气良好。内分 4 格，每格内视气温的高低放 20～40 日龄鹑 10～15 只，一箱放 40～60 只。也可以使用可重复利用的周转笼，要求通风良好，夏季防止鹌鹑闷死，冬季防止冻死。周转笼装车放置要稳定，防止颠簸摇晃压死鹌鹑。运送途中要适时检查鹌鹑的行为表现，要平稳、快速、安全地把鹌鹑送达目的地。

三、鹌鹑的选种与选配

（一）鹌鹑的选种

1. 表型选择　留种鹌鹑应有明确的系谱或可靠来源，符合该品种（品系）的外貌特征和生长发育标准，羽毛丰满，体质健壮。种鹑的表型选择应根据品种、品系的外貌特征进行。通行的方法是采用肉眼观察、用手触摸鉴别。

（1）种公鹑　在后备种鹑群中选择头小喙短，眼大有神，胸宽，胸前羽毛砖红色明显，尾羽短，羽毛紧凑的个体留种。50日龄时"肛门"有深红色隆起，用手指压迫时出现白色泡沫，常常挺胸昂脖，高声鸣叫，爪足要伸开，无缺陷，以保证以后交配效果好、受精率高。对于那些体型小、发育慢、尾羽长、鹦鹉嘴的个体要及时淘汰。

（2）种母鹑　选择有明确系谱或来源清楚、生长发育良好的个体留种。要求种母鹑头小而圆，目光沉稳，喙短颈细长，有动静时常常挺脖侧头细听。羽毛整齐美观，毛色光亮，胸羽中黑斑多而明显，无杂毛，尾羽短。腹部柔软而有弹性，泄殖腔大而湿润。嗉囊部宽大，采食量多，羽毛紧密、完整、色彩明显，活泼，不胆怯，眼睛明亮有神，体态匀称，翅膀、腿和躯体无异常。

2. 生产力选择 种公鹑 50 日龄体重 110～125 克，种母鹑要求 50 日龄开产，体重 130～150 克。体重大于 170 克者，其产蛋性能低，不应作种用。要求母鹑腹部宽、耻骨间距宽，高产型初产母鹌鹑的耻骨间距离两指（3 厘米），耻骨与胸骨末端的间距三指（4.5 厘米）宽。这种检查方法仅对母鹑第一产蛋年可行，母鹑年龄越大，腹腔容积越大，但其产蛋量却越少。

母鹑开产 10 枚蛋后，蛋重达到标准。从 60 日龄起计产蛋率，要求 5 个月内平均产蛋率达 80% 以上，月产蛋量 24 枚及以上者留种。年平均产蛋率要达到 75%～80%，开产头 3 个月必须是高产个体，蛋重符合品种标准，受精率和孵化率较高。

选择产蛋性状时，一般不等到产蛋 1 年之后再行选择，只要统计开产后 3 个月的平均产蛋率和日产蛋量，符合上述要求即可入选，同时要求蛋壳颜色正常，蛋形、蛋品质好。经常"脱肛"的鹌鹑不能留作种用。

3. 系谱鉴定 通过鹌鹑的系谱分析，可了解其祖代与亲代的体重及生产性能资料、遗传特性。因此，种鹑场中应建立和保存种鹑的系谱档案，并按规格为种鹑、种雏鹑进行编号，配种及按系谱孵化。鹌鹑引种时也需要索要系谱，血缘不清的鹌鹑不能留作种用，以防近亲交配。在应用系谱选择时，对于遗传力高的性状可以运用个体选择法，对于遗传力较低的性状则需要进行家系选择和个体选择相结合的方法。

（1）个体系谱建立 要建立个体系谱，必须对鹌鹑实行一公一母固定配对，单笼饲养，编号登记，每天记录个体产蛋量和蛋重，根据这些记录在全场鹌鹑群中选择出优秀的个体。

（2）群体系谱建立 把所有的鹌鹑分为若干小群，一般以 4 只公鹌鹑和 10 只母鹌鹑为一群，观察记录其产蛋、孵化和育雏等情况，并做详细记录，为群体记录法。根据群体系谱记录结果，以小群为选择对象，把繁殖性状优秀、育雏成绩好的小群后代尽量多留种，尤其是这些优秀小群后代群体中个体生长发育优良者优先留种。

编写系谱时通常采用竖式系谱，一般记载3代。如果系谱中主要经济性状一代比一代好，说明选种效果好。若结果相反，就应及时淘汰。

4. 后裔鉴定　通过个体鉴定和系谱鉴定，基本可以看出种鹌鹑的遗传稳定性，但最可靠的方法还是要对后裔的生产性能进行测定。如果后代优良，就可以说明种鹌鹑是优良的。后裔测定的方法采取后裔与父母比较、后裔与后裔比较、后裔与生产群比较3种方式。一般多采用后裔与父母比较即可鉴别出亲代的优劣与否。

（1）后裔与父母比较　鉴定蛋用种公鹑的产蛋潜力，就可以用该公鹑与配不同的母鹑，种母鹌鹑所产的子一代配对繁殖，其女儿们的产蛋量分别与其母亲比较，如果其女儿们的产蛋量均高于各自的母亲，则说明该公鹑为改良者；如果女儿们的产蛋量与各自母亲的产蛋量相差无几，则说明该公鹑为中庸者；如果女儿们的产蛋量均低于各自母亲的产蛋量，则说明该公鹑为劣势者。

（2）后裔与后裔比较　在鉴定母鹑繁殖性能优劣时，可以用同一优秀公鹑与配不同母鹑，半同胞女儿们的平均产蛋量最高者其母亲最优秀。

（3）后裔与生产群比较　以选出的种鹌鹑所产的后代的生产性能与场内生产群的平均水平相比，如种鹌鹑后代的生产性能比生产群的平均生产性能高，说明种鹌鹑优良；反之，则低劣。

（二）鹌鹑的选配

选配是继选种后又一项重要的工作，目的是将选出的优良公母鹌鹑科学配对以便产生更好的后代。

1. 选配方法　鹌鹑的选配方法有品质选配、亲缘选配。

（1）品质选配　品质选配主要是考虑公、母种鹑的品质，分为同质选配和异质选配。同质选配就是选择有相似优秀性状的种公鹑和种母鹑交配，以期加强和提高双亲原有的优良品质，即好的配好的获得更好的，高产的配高产的获得更高产的，在生产中要注意避免近交衰退。异质选配，就是选择有不同优点的种公鹑和种母鹑交配，使双亲的优良品质结合起来遗传给后代，如繁殖潜力高的公鹑与适应性强的母鹑配对，期望后代繁殖力高、适应性强；异质选配也可以是以优改劣，如某种鹑有点小缺陷，则选择在该方面表现优秀并在其他方面没有明显缺陷的个体与之交配，这样就克服了该亲本的缺点，提高了生产性能。

（2）**亲缘选配** 亲缘选配有近亲、非近亲及杂交。近亲选配，是指血缘关系极近的兄妹、父女、母子或表兄妹之间的交配。这种选配方法，只能在培育纯系时使用，一般生产场不宜使用，因为近交所产生的后代，其生活力、体重及繁殖能力往往会降低。非近亲选配，即不是同一个父代的后代之间的交配。杂交，就是不同品种（品系）的公、母鹌鹑的交配，这种方法可在生产场应用。

2. 选配技术 生产中鹌鹑的选配技术应用对生产性能的影响很明显，尤其是配种方式的组织应引起足够的重视。

（1）**尽量开展杂交** 鹌鹑生产中比较常见的交配方式是混合自然交配，即在种蛋来源未做严格系谱记载的情况下，集中进行孵化、育雏，然后按照 3∶1 或者 30∶11 的性别比例进行大群交配，往往会形成强迫近交，引起衰退，这种衰退虽然在杂交一代中表现不很明显，但连续多代会严重影响种蛋的孵化和雏鹌鹑的质量。西南大学向钊等研究发现，鹌鹑全同胞近交降低孵化率与成活率，并使劈叉现象趋于严重，延迟 50% 产蛋率日龄，降低产蛋率和蛋重，提高 120 天未开产率。杂交则能够提高产蛋量、孵化率和雏鹌鹑质量，因此在生产中即使不开展品种、品系间杂交，也一定要细致做好选配工作，尽量使用各种形式的家系间杂交，以提高蛋鹌鹑的生产性能。

（2）**注意群体中公、母鹑年龄结构** 不同年龄的公、母鹌鹑交配，产生的后代特点不同。老公鹌鹑与年轻母鹌鹑交配，其后

代多呈母鹑的特点，老母鹌鹑与年轻公鹌鹑交配，后代多呈公鹌鹑的特点，这是由于年轻鹌鹑活力旺盛，遗传性强。因此，生产中种用公鹑的年龄结构要合理，让4～6月龄的种公鹑占较高比例，及时淘汰老龄化公鹑。

（三）我国鹌鹑种业存在的问题

与其他家禽相比，我国鹌鹑良种繁育体系发展滞后。一是政府重视不够，鹌鹑产业到目前为止没有纳入国家农业产业体系，很多地方政府没有将鹌鹑生产纳入畜牧业生产规划，鹑蛋和鹑肉产量在多数地区没有编入当地的畜牧业生产年鉴。农业部多年来对鹌鹑品种、品系及配套系的审定没有出台标准，致使一些有条件的良种繁育场品种、品系审定困难，不少经营种苗的场家多年得不到种畜禽许可证而无法持证经营，种业交流只能在小规模、低水平上进行，严重挫伤了鹌鹑种业市场的发育。二是受经济利益驱动，不少场家不愿意从事鹌鹑育种工作，"重引种、轻选育"的现象严重。目前，国内规范的鹌鹑良种繁育场很少，具有曾祖代、祖代、父母代等繁育级别的鹌鹑育种基地几乎没有，有几家较大的鹌鹑养殖场也多是自繁自养、品种单一。虽然鹌鹑的自别雌雄配套系在全国有一定推广，但配套系的祖代和父母代多是在养殖区的专业户中饲养，种鹑市场尚未建立和完善，种鹑市场信息不灵，在不同时段、不同区域，种鹑供销矛盾突出。

四、鹌鹑繁殖技术

（一）鹌鹑的生殖系统

1. 母鹑的生殖器官 母鹑的生殖器官由卵巢和输卵管组成（图 3-5），成年母鹑的生殖器官约占体重的 10%。正常情况只有左侧卵巢和输卵管发育，右侧在孵化过程中退化。卵巢是产生成熟卵泡的场所，可见大小不一的颗粒状卵泡，成熟后的卵泡随着卵泡膜的破裂释放，然后进入输卵管中逐步包裹蛋白、蛋壳膜、蛋壳，最后形成鹌鹑蛋产出。母鹑的输卵管由漏斗部、蛋白分泌部（膨大部）、峡部、子宫部和阴道部组成。

2. 公鹑的生殖器官 公鹑的生殖器官由睾丸、输精管和交接器组成（图3-6）。鹌鹑的睾丸为1对，左侧比右侧略大，成熟睾丸重量约占其体重的3%（而公鸡仅为1%）。公鹑退化的交接器呈舌状。鹌鹑每次的射精量极少，约0.01毫升。

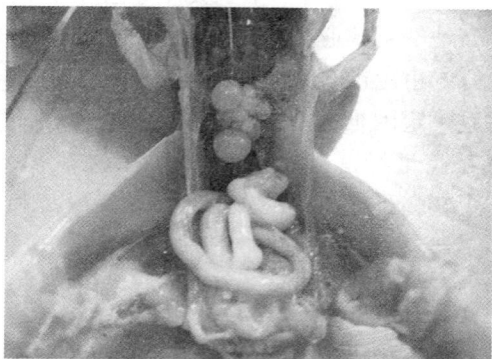

图3-5 母鹑的生殖系统　　　图3-6 公鹑的生殖系统

（二）自然交配

鹌鹑个体小，目前生产中仍然以自然交配的方式进行繁殖，人工授精技术尚在研究阶段，在生产中没有利用。公鹌鹑在早晨和傍晚性欲最旺，此时交配后受精率最高，生产中以早上第一次饲喂后让其交配最好。鹌鹑的交配方式有以下几种。

1. 单配或轮配 按照1公1母或者1公4母配比，每天在人工控制下进行间隔交配。此种配种制度费工费时，只在育种中使用。

2. 小群配种 将2只公鹑、5～7只母鹑放入小群配种笼中

饲养。此种配种方法可以获得较高的受精率，但不适合大规模扩繁，在育种场采用。

3. 大群配种　将 15 只公鹑、45 只母鹑放入大的配种笼中饲养，在生产中常用此配种方法，公母配比为 1∶3。大群配种能够保持较高的受精率，而且管理方便，饲养效率高。注意在大群配种前，应先将公鹑放入种鹑笼中，使其熟悉环境，处于优势地位，然后再放入母鹑，可以提高交配的成功率和种蛋的受精率。

苏州大学朱子玉等（1999）研究法国肉鹌鹑种蛋受精率，结果表明，种鹑 1∶5.5 的性别比例与 1∶4 相比，受精率没有明显影响。总结开产后受精率与蛋重的变化规律，表明开产 10 天后受精率即达高峰期，2 周后稳定在 90% 左右。建议可将肉种鹑配种时间定为 2.5 月龄，对已完全成熟的公、母鹑进行外貌和生产力鉴定，挑选外貌符合品种特征、个体大、性欲强、产蛋多、健康的鹌鹑留种。

4. 定期更换种公鹑　鹌鹑的择偶性不强，在配种期每隔 1～3 个月将原配种公鹑淘汰一部分，然后补充一部分有交配能力的年轻公鹑，能明显提高种蛋的受精率。为了减少打斗，更换公鹑工作必须在夜间进行。更换公鹑对于提高肉用鹌鹑的受精率更为有效。

（三）种 用 期

鹌鹑性成熟早，母鹑 40～45 日龄达到性成熟，开始产蛋。种鹑开产后 10～15 天就可以进行公母交配。为了提高鹌鹑种蛋的孵化率和雏鹑的成活率，刚开产的种鹑所产的蛋不适合孵化，当作一般的商品蛋销售。当产蛋率上升到 80% 以上时，开始收集种蛋，进行孵化。从产蛋率 80% 以上计算，蛋用种鹑的利用期为 8～10 个月，肉用种鹑为 7～8 个月。过了适宜的种用期，鹌鹑的产蛋量下降较快，而且种蛋合格率下降。因此，种用鹌鹑最多饲养 1 年，第二年要重新培育新的种群进行繁殖。有些地方饲养的种鹑达到2～3年，会影响种苗的质量。

海南师范学院张信文等（2002）研究了鹌鹑产蛋日龄对受精率、孵化率和健雏率的影响，试验对象为迪法克系肉鹌鹑，结果表明3～6月龄鹌鹑种蛋的受精率、孵化率和健雏率均高，因此建议迪法克系肉鹌鹑种用年龄为3～6月龄，为了节省种禽，一般可延长至10月龄。11月龄以上虽然种蛋较大，雏鹑出雏时体重较大，但其受精率、受精蛋的孵化率和健雏率均低，这可能与11月龄以上鹌鹑的生殖功能已开始退化，不适合继续作种用。

五、鹌鹑人工孵化技术

（一）鹌鹑的孵化方式

家养鹌鹑是一种高产的禽类，经过长期的驯化与选育已经失去了抱性，需人工孵化进行繁殖。鹌鹑的传统孵化工艺与方法很多，如炕孵法、煤油灯孵化、平箱孵化等；但自动化程度低，劳动强度大，不适合大批量生产。现代规模化鹌鹑孵化普遍采用机器孵化法（专用孵化器），孵化量大，便于操作，易于管理，大大提高了工作效率，而且孵化率也高（图3-7）。鹌鹑孵化设备与鸡胚孵化设备基本相同，只是孵化器的容量、蛋盘的规格有所

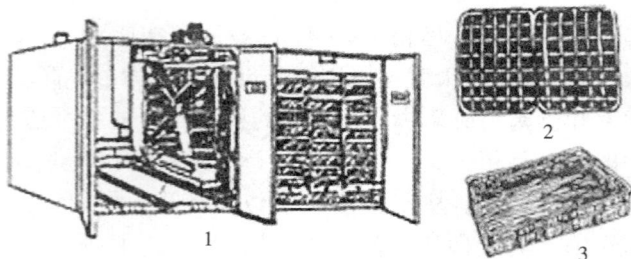

图3-7　鹌鹑的机器孵化

1.全自动电脑孵化器　2.孵化蛋盘　3.出雏盘

差异。鹌鹑孵化蛋盘栅条间距只有 2.5 厘米，比鹌鹑蛋的横径略小。孵化器蛋架车蛋盘间距也小，因此同样大小的孵化器，孵鹌鹑种蛋的数量是孵鸡种蛋数量的 2.3～2.5 倍。

（二）鹌鹑孵化用房的准备

鹌鹑孵化室要有足够的空间，方便蛋车进出与人员操作，应根据孵化量、供苗量大小，来确定购置孵化设备的类型和数量。孵化车间光线要充足，方便生产管理，并配备发电设备。所有人员进入孵化车间之前，必须经过消毒间，并更换干净的靴帽和工作服。规模化生产孵化用房包括更衣室、淋浴间、种蛋库、熏蒸间、孵化间、出雏间、冲洗间、鹑苗存放间等。各功能间应以种蛋的入库、消毒、存放、入孵、出雏、冲洗、发雏的顺序排列，以利于工作流程的顺畅和卫生防疫工作的进行。各通道之间入口处应设置地面消毒池。蛋库的面积与种蛋数量应成一定的比例。消毒间应加装一定风量的排气扇，确保消毒后的余气迅速排出。

（三）鹌鹑种蛋的选择

1. 种蛋来源 选择产出 1 周内，蛋壳清洁、花斑明显、大小适中、蛋形正常的种蛋。种蛋都应来自产蛋多、蛋质好、没有任何疾病的种鹑群，因为有一些传染病会通过种蛋垂直传播给雏鹑，造成出壳率下降，雏鹑的成活率降低。其中鹌鹑白痢对孵化的影响最大，种鹑一定要进行白痢的净化。

2. 蛋重要求 蛋重对鹌鹑的孵化率影响较大，了解鹌鹑蛋增重规律，对种蛋的选择具有指导意义。研究认为，禽类蛋重与初生雏体重之间呈正相关，蛋重越大，初生雏体重越大。但太大的蛋受精率、孵化率均低于正常水平。鹌鹑种蛋要求大小适中，过大的种蛋孵化率较低，过小的蛋孵出的雏鹑个体弱小、成活率低。一般要求蛋用品种 10.5～12.5 克，肉用品种 14～16 克。

3. 蛋形要求 蛋形指数是种蛋选择时需要考虑的一个重要

指标，但实际挑选种蛋时并不进行蛋形指数的测定，主要靠经验来判断，过长、过圆、过大和过小的蛋一般作为畸形蛋淘汰。林其騄、何京认为，选择鹌鹑种蛋蛋形指数（纵径比横径）应平均在 1.4（横径比纵径则为 0.714）左右，大头小头要求分明。

4. 蛋壳颜色与质量　不同品种、品系的鹌鹑种蛋颜色大小略有区别，颜色斑点应符合品种、品系要求。蓝色、青色、白色或茶褐色的种蛋不能孵化，是老鹑、病鹑所产。蛋壳破损，严重粪便污染的种蛋应淘汰。沙皮蛋结构特别粗糙，蛋壳较薄，孵化过程中水分蒸发过快，胚胎容易脱水死亡。

（四）鹌鹑种蛋的收集与保存

1. 种蛋收集　鹌鹑每天下午产蛋，冬季要求每天下午捡蛋2 次，夏季增加到 3～4 次。收集种蛋的工作人员每次捡蛋前需洗手并消毒。收集种蛋应使用消毒后的蛋筐，发现粪便污染的脏蛋要单独分开放置，以免交叉污染。每次捡蛋的同时不要捡死鹌鹑，以免造成交叉污染。每次捡蛋后对种蛋进行一次严格挑选，不合格的当商品蛋销售。

2. 种蛋保存　蛋库保温应良好，湿度适宜，并保持合理的通风。窗户要小，安装在靠上部位，防止阳光直射到种蛋。种蛋的贮存时间愈长，所需的孵化时间愈长而且孵化率愈低。一般情况下，种蛋贮存 3～5 天最好。夏季存放不超过 7 天，冬季不超过 10 天。在夏天要有专用蛋库，避免种蛋在高温下存放。正常情况下，蛋库应保持在 18℃～21℃，贮蛋间应配置加湿器，空气相对湿度保持 75%～80%。当贮存时间超过 7 天，贮存温度一般以 13℃～15℃为宜。蛋库天花板应距所贮存的种蛋 1.5 米以上，应为蛋库连续不断地提供流动空气，种蛋贮存时应避免气流直接吹向种蛋。防止种蛋暴露在阳光下或受蚊子、苍蝇污染的地方。

3. 做好记录　种蛋应标明舍号和产蛋日期并记录入孵时的蛋龄；不同蛋龄分开存放，存放时间不应超过 7 天。事实证明，

种蛋贮存期超过 7 天后，每增加 1 天的存放，孵化时间相应增加 20 分钟，孵化率降低 0.5%～1%，同时会增加雏鹑淘汰的数量。

（五）孵化条件

1. 温度　温度是鹌鹑孵化最重要的外因条件，它决定着胚胎的生长发育与生活力，并与孵化率与健雏率密切相关。目前鹌鹑孵化普遍采用整批入孵、变温孵化制度。胚胎发育初期，因胚胎幼小，缺乏自身调节体温的能力，故需要较高而稳定的孵化温度。发育后期，胚胎已有一定的调节能力，加上本身代谢增强，可产生热量，可适当降低孵化温度。整批入孵可采用"前高、中平、后低"的给温原则。孵化 1～6 天为 39℃，7～10 天为 38.4℃，11～14 天为 38℃，15～17 天为 37.2～37.5℃。

2. 湿度　湿度也是孵化必须满足的重要条件之一。孵化湿度影响鹑蛋内水分的蒸发与物质代谢。鹑蛋蛋壳较薄，水分容易蒸发散失，一定要掌握合理的湿度。一般要求孵化阶段为 55%～60%，出雏阶段为 65%～70%。出雏阶段提高湿度有利于啄壳和散热，保证良好的出雏效果。实践证明，15 天落盘后，每天用喷雾器喷洒温水雾于鹑蛋表面 1 次，可以提高出雏率。湿度是否合适，一般可根据孵化期间种蛋气室的变化和失重情况来确定，还可从雏鹑出壳后的体质状况、卵黄囊及腹部吸收情况来确定。湿度过低，鹌鹑体表干瘦；湿度过高，雏鹑腹部较大，卵黄囊吸收不良。

3. 翻蛋　翻蛋是重要的孵化技术措施。通过翻蛋，可以保证胚蛋各部位受热均匀，有利于胚胎的发育，防止胚胎与蛋壳粘连；还可以促进胚胎运动，提高活力，保证正常的胎位。一般要求孵化阶段每天翻蛋 12 次（每 2 小时 1 次），机器孵化自动翻蛋，翻蛋角度 90°。落盘后停止翻蛋。

4. 通风　随着胚胎日龄的增加，需要的氧气量及呼吸产生的二氧化碳量逐渐增多。孵化中、后期应注意通风，否则会发生死胚多、畸形雏多的现象。孵化初期可关闭孵化器进、出气孔，中、后期要逐渐打开风门挡板，加大通风量。尤其是孵化第 13 天以后，更要注意换气、散热。通风不良会造成胚胎发育停滞，或胎位不正，或导致畸形，甚至胚胎死亡。

5. 晾蛋 晾蛋可以更换孵化器内的空气，降低机温，排除机内污浊气体。而较低的气温可以刺激胚胎发育，并增强雏鹑将来对外界气温的适应能力。一般每天需要晾蛋 1～2 次。晾蛋的时间因不同的孵化时期、不同的季节而异。孵化中期及冬天，晾蛋时间不宜长；孵化后期及夏天，晾蛋时间稍长。一般晾蛋时间为 10～20 分钟，晾蛋至蛋温下降到 32℃即应停止。在孵化过程中，胚胎发育到中、后期会产生大量的热，当孵化温度偏高时，应先行晾蛋，不能立即翻蛋，使温度趋于正常后方可翻蛋，以减少死胚率。

（六）鹌鹑种蛋的消毒

种蛋的消毒工作非常重要，每次收蛋挑选后要进行第一次消毒，然后放入蛋库进行存放。第二次消毒在入孵时进行，以确保孵化过程中种蛋不被病原微生物污染。

1. 甲醛熏蒸消毒法 为目前常用的消毒方法，第一次在熏蒸间（柜）中进行，第二次在孵化器中进行。每立方米空间用 28 毫升 40% 甲醛溶液加 14 克高锰酸钾，熏蒸时间 20 分钟。熏蒸温度在 20℃以上，空气相对湿度为 60%～80%，熏蒸完成后立即将熏蒸容器撤除，打开排风机排尽消毒气体。消毒间一定要设置排气扇，每立方米空间其排气扇的每分钟流量大于 20 米^3，以快速抽净熏蒸气体。

2. 浸泡消毒法 种蛋消毒可用 0.1% 新洁尔灭溶液或 0.1% 高锰酸钾溶液洗蛋，水温 38℃～40℃，时间 3～5 分钟。

（七）孵化的日常管理

1. 鹌鹑的孵化期 鹌鹑的孵化期为 17 天。其中，1～15 天为孵化阶段，16～17天为出雏阶段。孵化阶段需要放置在孵化蛋盘中，大头向上码放，通过改变蛋盘在孵化器中的角度来完成翻蛋任务。出雏阶段将种蛋转到出雏盘中，停止翻蛋。

2. 码盘　将鹌鹑种蛋大头向上放到孵化盘上的过程称为码盘（图3-8），码盘同时要对种蛋进行第二次严格挑选，剔除破壳蛋、裂纹蛋等不合格种蛋。鹌鹑种蛋也可以45°斜放或横放，但切忌小头向上码盘，因为容易造成胎位不正，出雏困难，死胚增加。

图3-8　鹌鹑种蛋码盘

3. 种蛋预热　入孵前要对鹌鹑种蛋进行预热处理，因为种蛋库的温度较低，如果直接放入孵化器内，由于温差悬殊对胚胎发育不利。预热还可以防止种蛋表面凝结水汽而影响入孵后种蛋的熏蒸消毒效果。实践证明，预热对存放时间长的种蛋更为有利，可以提高孵化率。预热的方法是将种蛋提前放入孵化室，或者将码放好的蛋架车推入孵化室中，在25℃的孵化室内预热6～8小时。孵化室温度越高，预热时间越短。冬季预热时间长，夏季预热时间短。

4. 种蛋入孵　入孵操作，推蛋架车要轻、稳、平，翻蛋连接头要插好。然后打开电源，开动风扇开关，设定孵化的各指标值，测试孵化器的温度与湿度，门表温度要与显示温度相符。开机升温后每隔30分钟记录1次温度、湿度、翻蛋、风门等数据，温度正常后每2小时观察记录1次，直到15天落盘完成。

5. 入孵消毒　将码好蛋的蛋架车推入孵化器中，关好门，开机升温。当机内温度升高到27℃，空气相对湿度达到65%时，进行入孵消毒。方法为甲醛熏蒸法，孵化器每立方米空间用40%甲醛溶液28毫升、高锰酸钾14克，熏蒸时间20分钟。然后打开排风扇，排除甲醛气体。

也可以采用浸泡消毒法，将码好蛋的孵化盘浸入消毒液中 3 分钟，然后取出孵化盘晾干水分后入孵。浸泡消毒法操作简单，特别适合小规模鹌鹑孵化和分批入孵。消毒液一般有 0.1% 高锰酸钾，0.1% 新洁尔灭溶液。其他如季铵盐化合物、次氯酸盐也可以。

6. 温度、湿度调节 入孵前要根据不同的季节和前几次的孵化经验设定合理的孵化温度、湿度，设定好以后，旋钮不能随意扭动。孵化开始后，要对孵化室温度和湿度、机器显示温度和湿度、门表温度和湿度、翻蛋情况进行观察记录（表3-4）。一般要求每隔 1 小时观察 1 次，每隔 2 小时记录 1 次，以便及时发现问题，得到尽快处理。孵化室要求 24 小时值班，孵化人员要尽心尽责。

表 3-4　鹌鹑孵化条件记录

孵化器 ＿＿＿＿号　　　胚龄＿＿＿天　　20＿＿年＿＿月＿＿日

时　间	温　度			空气相对湿度			翻　蛋	备　注	值班人员签名
	机显	门表	孵化室	机显	门表	孵化室			
0:00									
2:00									
4:00									
6:00									
8:00									
10:00									
12:00									
14:00									
16:00									
18:00									
20:00									
22:00									

7. 孵化器风门调节　孵化器顶部有 3 个通风孔，通称为风门。最中间 1 个为排气口，两侧为进气口。孵化前 3 天，关闭所有风门。从第四天起逐渐打开风门，4～7 天打开 1/4，8～11 天打开 1/2，12～15 天打开 3/4，16～17 天全部打开。

8. 落盘　孵化到第 15 天结束，将胚蛋从孵化盘移至出雏盘中，然后将出雏盘放入消毒好的出雏器中，停止翻蛋，降低温度，提高湿度，等候出雏，这个过程称落盘。落盘应及时，当有 10% 的胚蛋已啄壳，去除无精蛋、臭蛋、破蛋及裂蛋，尽快将种蛋从孵化器转到出雏器，以避免受凉而造成胚胎发育中止。落盘时，是鹌鹑胚胎由尿囊膜呼吸转为肺呼吸的时期，是鹑胚发育的第二个死亡高峰期。落盘时应倍加小心，持稳蛋盘，以免造成蛋壳破裂。将落好盘的出雏车推入出雏机，推入前关闭机器电源，推入后开动机器，检查运转有无异常，关闭机器门。每落完一箱，应清洗消毒双手。

9. 出雏　如果孵化条件恰当，种蛋孵至第 16 天开始出雏，第 17 天全部结束。鹌鹑出雏时要保持机内温、湿度的相对稳定，并按一定时间捡雏。等到雏鹑出壳 80% 以上时打开机门捡雏 1 次，最后再捡雏 1 次，彻底清理干净，清扫消毒孵化器。从雏鹑啄开蛋壳到蛋壳完全破裂出来，需要 12 小时左右。超过了这个时间出不了的就应淘汰。出雏期应注意：①稳定温度，不能降温，且保证湿度在 70% 以上。②杜绝出雏期间打开机门观察出雏情况，可通过观察窗察看。③出雏室内的温度提高到 25℃～28℃，以免捡雏后雏鹑受凉死亡。

10. 雏鹑挑选　自别雌雄配套系鹌鹑，出壳后根据羽毛颜色应公、母分开销售，并且严格按照标准挑选健雏、弱雏和残雏，分类处理。挑选结束后，将雏鹑放在雏鹑存放间。出雏完毕后把经过第一次初选的健雏再细致挑选一遍，将不符合健雏标准的雏鹑挑选出来，将初选出的残弱雏再挑选一遍分级，挑选结束后，清点好雏鹑总数，报给销售部门。

11. 雏鹑存放 出壳后的雏鹑在出雏器内的时间不宜过长，不然会脱水死亡。应在最短的时间里将雏鹑运到育雏舍。雏鹑在孵化器内，温度为37.2℃～37.5℃，因而取出的雏鹑不能突然放于冷的地方，而应将其放在温暖的休息室内，温度控制在27℃～28℃，让其充分休息和恢复体力。如果雏鹑要外运，将雏鹑装入运输专用箱内，及时运出。无论是育雏箱内或运输专用箱内，不能铺垫光滑的纸类，最好铺上粗棉布。因为雏鹑在光滑表面上难以站稳，两脚极易打滑叉开，日久鹌鹑的脚就会变成畸形。

第四章

鹌鹑饲料配制技术

一、鹌鹑消化系统与采食特点

（一）鹌鹑消化系统

鹌鹑的消化系统由喙、口腔、咽、食管、嗉囊、腺胃、肌胃、十二指肠、小肠、盲肠、直肠、泄殖腔和肛门组成。

1. 喙、口腔、咽　鹌鹑的口腔器官较简单，没有唇、齿和软腭，颊也明显退化，因此口腔与咽之间无明显界限。上、下颌形成锥体形的喙，外被坚硬的角质套。鹌鹑舌黏膜上缺乏味觉乳头，仅分布少量结构简单的味蕾，所以味觉较差。鹌鹑唾液腺在口咽部黏膜上皮深层连成一片，有许多导管开口于黏膜，唾液腺均为黏液腺，分泌黏稠的唾液，以润滑口腔黏膜和食物，方便吞咽。饲养实践中发现，鹌鹑在采食时用喙刨食严重，一般饲养场都要在料槽饲料上加铁丝网，避免饲料撒落。

2. 食管　食管为一薄壁而易于扩张的肌性管道，始于咽而止于腺胃，长约9厘米。其颈段较长，与气管一同偏于颈的右侧，在胸腔入口处的前方扩大形成嗉囊。胸段较短，经左右肺之间、气管和心脏基部的背侧，伸达肝左叶脏面与腺胃相接。鹌鹑嗉囊体积小，贮存饲料的能力有限，每天应该勤喂少添，保证其采食足够的饲料。

3. 胃　由腺胃与肌胃组成。腺胃呈纺锤形，长约 1.5 厘米，位于腹前部的左侧，两肝叶之间的背侧。腺胃的容积小，其主要功能是分泌胃液。肌胃呈扁椭圆形，长径约 2 厘米，质地坚实，色暗红，位于肝后偏于腹腔左侧。肌胃的肌层是由一对强大的侧肌和两块较薄的中间肌构成。四块肌在肌胃的两侧以发达的肌腱组织相连。肌胃的黏膜层有角质膜，配合吞入的沙砾，构成磨碎食物、进行机械性消化的有利场所。

4. 小肠　鹌鹑小肠长约 50 厘米，分为十二指肠、空肠和回肠。十二指肠长约 8.5 厘米，自肌胃右前端起始，沿肌胃右侧和右侧腹壁形成一长的"U"形襻，与十二指肠起始部的相对处延续为空肠。空肠长约 34 厘米，形成许多半环状的肠襻，由肠系膜悬吊于腹腔右侧。空肠末端位于体中线上，在直肠和泄殖腔的腹侧与回肠相接。回肠短而较直，长约 7 厘米，以系膜与两侧盲肠相连。

5. 大肠　大肠包括盲肠和直肠。盲肠为一对长约 7 厘米的盲管，起自回盲结合部的两侧，首先沿回肠逆行向前，继而伴随空肠向后伸至泄殖腔的腹侧。鹌鹑盲肠不发达，对粗纤维的消化能力很差。直肠长约 3.6 厘米，起始于回盲结合部，向后逐渐变粗，而终止于泄殖腔。由于直肠较短，不能贮存多量的粪便，这是鹌鹑排便次数较多的原因。

6. 泄殖腔　泄殖腔为消化、泌尿和生殖 3 系统后端的共同通道。其腔内被两个不完全的环行皱褶分为粪道、泄殖道和肛道 3 部分。粪道与直肠相接；泄殖道有输尿管、输精管或输卵管的开口；肛道背侧有法氏囊的开口，再向后以泄殖孔开口于外界。

7. 肝　鹌鹑的肝发达，重约 4 克，呈红褐色，质地脆软，位于腹前下部，胸骨背侧，前方与心脏相接触。肝分为左、右两叶，右叶脏面有一胆囊。左叶的肝管直接开口于十二指肠末端，右叶的肝管先到胆囊，再由胆囊发出胆管至十二指肠。

8. 胰　胰呈长条分叶状，淡红黄色，位于十二指肠襻内，胰分为背叶、腹叶和一小的中间叶。有两条胰管与胆管共同开口于十二指肠末端。胰表面被以浆膜，浆膜中的结缔组织伸入腺体内构成支架。胰的实质分为外分泌部和内分泌部。外分泌部占胰腺的绝大部分，属消化腺。内分泌部较小，它散在分布于外分泌腺之间，呈小岛状，故称胰岛，分泌胰岛素调节血糖。

（二）鹌鹑的采食特点

1. 刨食习性　鹌鹑保留野外掘土觅食习惯，在采食前用双脚在笼底交替抓挠几下，然后再啄食。另外，鹌鹑喜欢用喙将饲料钩出料槽，或者头部左右摆动将饲料弄到地面。因此，鹌鹑料槽设计注意要有足够的深度，以减少饲料浪费。在料槽中还要放置铁丝网片或塑料网片（图4-1），避免饲料浪费，实际使用效果很好，得到了推广应用。

图 4-1　料槽中的防止撒料的铁丝网片

2. 争抢觅食　鹌鹑喜欢群饲，当饲喂时一有啄食声音就出现群起挤向料槽伸头啄食，啄食时有争有抢，养在单笼的个体鹌鹑采食表现不是那样积极。鹌鹑要定时定量饲喂，可以刺激食欲，减少饲料浪费。产蛋期鹌鹑每天喂料2次，早上天亮或开灯后喂第一次，下午5时产蛋后喂第二次。

3. 喜食颗粒饲料　鹌鹑采食频率快，最喜食小米粒大小的颗粒，最不喜食干麸皮样粉料。也喜食潮湿的混合饲料，对发酵有酸味的饲料适口性较差，可见鹌鹑的味觉还起有一定的作用。产蛋期喜食矿物质饲料颗粒，向料槽撒喂沙粒或骨粉时，会提高啄食频率。

4. 采食时间　统计日粮消耗量发现，产蛋母鹑全天各时段采食量不均匀，上午比下午采食多，早上开灯后和晚上关灯前4小时为全天的采食高峰。公鹑全天采食量比较均匀，而采食高峰也在关灯前。对于当天不产蛋的母鹑，上、下午采食量相差不多，晚间也最多。当日产蛋的母鹑上午吃料多，而下午特别是在产蛋前2小时基本不吃或吃得很少，即使吃料也是漫不经心。屠宰统计发现，当天有蛋或将要产蛋的鹌鹑，80%嗉囊很少存有食物。肉用鹌鹑应该采用23～24小时光照，给其提供足够的采食时间，保证其生长发育所需要的营养。

5. 采食频率　鹌鹑每次采食时总具有一种"新鲜感"，每次喂料时总是抢吃新添加的饲料，对槽中的余料啄食频率低，不感兴趣。测定鹌鹑的采食频率，每分钟平均啄食94～99次，最低84次，最高为146次，公鹑比母鹑频率高、啄食快、食欲强。鹌鹑采食过程中有强欺弱现象，群序明显。

6. 采食环境　鹌鹑采食会受环境影响。在明亮条件下喜食，而光线较暗不喜食，在夜间关灯后停止采食。鹌鹑喜欢清洁的饲养环境，在环境干净条件下，其反应敏感极为活泼，采食积极。近年来发现，雾霾天鹌鹑的采食量明显下降，产蛋率也随之下降。

7. 采食时的条件反射　在饲养人员每次向料槽添料时，鹌鹑都拥向槽前争相采食，特别是发出啄食的声音时，就是没撒料笼层的鹌鹑也都挤向料槽盲目地啄食。可见视觉和听觉的刺激都能引起采食反射，而听觉反应又强于视觉反应。在一小群鹌鹑中，如果群中混有公鹑，有促进采食的作用，比无公鹑群采食快、频率高。饲喂过程中当出现某种特殊的声响（有时是人没察觉的），全群鹌鹑顿时都伸头，停止啄食，数秒钟后又照常采食。

8. 饮水行为　鹌鹑在各个饲养阶段都要保证清洁的饮水，绝不能断水，饲养人员要经常检查饮水器状态，定期清洗消毒饮水系统。鹌鹑每次饮水量不多而比较频繁，饮水时是连饮3次停一会儿，若再饮又连续3次。饮水时好甩头，鹌鹑喜欢饮清洁干

净水，不爱饮粪便污染的水，对新换的饮水同样具有新鲜感，气温高饮水量有增多趋势。测定一天饮水量的变化时，夜间饮水较多，上午饮水较少。

二、鹌鹑的营养需要与饲养标准

（一）鹌鹑的营养需要

鹌鹑的营养需要按照其机体用途不同分为维持需要、生长需要和繁殖需要（产蛋需要）。按照鹌鹑对饲料中营养成分需要的不同又分为能量需要、蛋白质需要、矿物质需要、维生素需要和水需要。鹌鹑代谢旺盛，体温高，呼吸频率快，生长发育快、性早熟、产蛋多，但其消化道短，鹌鹑的营养需求有自身特点。

1. 能量需要　能量是维持鹌鹑正常生理活动和生产活动的动力。鹌鹑的生长、繁殖、运动、呼吸、血液循环、消化、吸收、排泄、神经传导、体液分泌和体温调节都需要能量。饲料中碳水化合物和脂肪是鹌鹑获得能量的主要来源，饲料中可以添加油脂以提高能量水平，同时可以减少粉尘。鹌鹑的采食量与能量有关，饲料中能量越高采食量越少，因此饲料中能量与其他营养物质有一定的比例要求。据测定，蛋用鹌鹑每天从体表散发的热量为 15～16 千卡，鹌鹑从初生到产蛋，每天活动消耗能量约为4.1 千卡，每增加 1 克体重，约需要能量 2 千卡。

甘肃农业大学都怡等（2009）研究不同能量水平饲粮对蛋鹌鹑产蛋前体重的影响，结果显示育雏、育成期饲喂低浓度代谢能（育雏期 11.7 兆焦 / 千克、育成期 11.4 兆焦 / 千克）的饲粮，足以满足鹌鹑的生长发育，饲粮高浓度代谢能（育雏期12.7 兆焦 / 千克、育成期 12.4 兆焦 / 千克）反而对鹌鹑的生长发育不利。

2. 蛋白质需要　蛋白质是构成生物有机体的主要物质基础，

鹌鹑的肌肉、血液、羽毛、皮肤、神经、内脏器官、激素、酶、抗体等主要由蛋白质构成。另外，鹌鹑蛋的形成也需要大量蛋白质。蛋白质的基本构成单位为氨基酸，有 20 种，鹌鹑以植物性饲料为主配合日粮时，最易缺乏蛋氨酸、赖氨酸和色氨酸，配方时要注意合理搭配饲料原料，饲料多样化，达到氨基酸互补。鹌鹑饲料注意添加动物性蛋白质饲料（如鱼粉），还要添加氨基酸添加剂（补充蛋氨酸、赖氨酸），以提高饲料的利用率。氨基酸缺乏时鹌鹑表现体重小、生长缓慢、羽毛生长不良，成年鹌鹑，性成熟推迟、产蛋小、无产蛋高峰及易发生啄癖。

鹌鹑体小，每天的采食量有限（蛋鹑为 25 克左右），但其生长发育迅速，产蛋量超过了蛋鸡。因此，鹌鹑日粮中蛋白质的含量要高于蛋鸡，用蛋鸡饲料来饲喂鹌鹑不能满足蛋白质需求。生产中经验：12 日龄前雏鹑，饲粮中粗蛋白质含量应达到 24%；22 日龄后到产蛋前，饲料蛋白质含量 22%。产蛋鹌鹑每天需要粗蛋白质 5 克左右，或饲粮中应含粗蛋白质 22% 左右，赖氨酸、蛋氨酸在饲粮中的含量应分别达到 1.1% 和 0.8%。肉用鹌鹑饲粮中粗蛋白质育雏期和育肥期应分别达到 29% 和 24%，赖氨酸和蛋氨酸应分别占饲粮的 1.4% 和 0.75%。

郦智佩等（1994）报道，不同粗蛋白质水平日粮对鹌鹑产蛋期生产性能有显著影响，产蛋率、总蛋重和平均蛋重都随着粗蛋白质水平的提高而提高，料蛋比随着粗蛋白质水平的提高而降低。无论在生产性能上，还是从经济效益方面说，粗蛋白质水平为 24% 最佳，22% 次之，20% 最差。

甘肃农业大学王志鹏等（2011）研究了饲粮蛋白质水平对鹌鹑产蛋性能和蛋品质的影响。结果饲粮粗蛋白质为 18% 时，鹌鹑的产蛋性能和蛋料差价最佳；粗蛋白质为 16% 时，产蛋性能下降；粗蛋白质水平在 20%～26% 时，高粗蛋白质水平饲粮并没有促进产蛋性能的提高。饲粮粗蛋白质水平低于或等于 18% 时，蛋壳厚度增加，而强度反而下降；但饲粮粗蛋白质水平高时，则呈相反变化趋势。

3. 矿物质需要 矿物质是鹌鹑不可缺少的一类营养物质，按需求量的大小又分为常量元素（钙、磷、镁、钾、硫、钠、氯等）和微量元素（锰、锌、铁、铜、碘、硒、钴等）。

钙和磷是鹌鹑需求量最多的矿物质。钙是构成鹌鹑骨骼和蛋壳的主要成分，生长期鹌鹑缺钙会引起骨骼发育不良，表现佝偻病、骨质松软易折断。产蛋鹌鹑缺钙时出现软壳蛋和无壳蛋，蛋壳薄、易破碎。磷是骨骼的主要组成成分，同时还存在于血液和某些脏器中，参与机体的新陈代谢，也影响蛋壳强度。鹌鹑缺磷时，表现食欲减退、生长变慢、骨质变脆、关节硬化、伏卧不起。植物性饲料中的磷大多以植酸磷的形式存在，不易被鹌鹑利用，特别是雏鹑。动物性饲料（鱼粉、骨粉等）和磷酸氢钙中的磷以无机磷形式存在，很容易被鹌鹑吸收利用。因此，在配合鹌鹑日粮时，一定要加入磷酸氢钙或骨粉等原料。鹌鹑饲料中钙浓度要低于鸡饲料，雏鹑为 0.8%～1.05%，产蛋期的鹌鹑为 2.5% 左右。

钠和氯的主要功能为维持体内的渗透压和酸碱平衡。一般植物性饲料中缺乏钠和氯，添加氯化钠（食盐）即可解决。鹌鹑饲粮中食盐的添加量为 0.2%～0.3%，长期使用高盐饲料（超过 1%）会引起中毒。但在饮水中加入 1%～2% 食盐，连用 1～2 天，可以防治鹌鹑的啄癖症。饲料中食盐不足常常导致消化不良，食欲下降，产蛋量下降和啄癖的发生。

美国国家研究委员会（NRC，1994）制定了详细的鹌鹑营养物质需要量标准，其中对铁、铜、锰、锌、硒、碘 6 种微量元素的需要量进行了确定。我国目前缺少鹌鹑营养需要的国家标准，现有鹌鹑配合饲料多以鸡的营养需要标准为参考，饲料厂在配制鹌鹑饲料时不会低于该营养标准，因此正常饲养情况下的鹌鹑一般不会缺少这些微量元素。市场上销售的禽用微量元素添加剂（常见的添加比例有 0.5% 和 1% 两种）可用于鹌鹑全价饲料配制。

铁是血红蛋白、肌红蛋白、细胞色素类和各种非血红素酶的重要组成部分，NRC 推荐的育雏期和生长期鹌鹑铁的需要量为 120 毫克/千克，种用鹌鹑铁的需要量为 60 毫克/千克。锌是免疫器官生长发育和免疫应答必需的微量元素，在动物的抗氧化系统中也发挥着重要的作用。NRC 推荐的育雏期和生长期鹌鹑锌的需要量为 25 毫克/千克，由于锌能强化动物垂体前叶激素的活性，调节雄激素的代谢水平，对生殖生理有重要影响，因此推荐的种用鹌鹑锌的需要量为 50 毫克/千克。硒是谷胱甘肽过氧化物酶和磷脂氢谷胱甘肽过氧化物酶的重要组成部分和活性中心，硒能够增强动物血清中谷胱甘肽过氧化物酶的活性从而提高抗氧化功能，增强机体的免疫功能。NRC 推荐的育雏期和生长期鹌鹑硒的需要量为 0.2 毫克/千克，种用鹌鹑硒的需要量同样为 0.2 毫克/千克，常用的硒添加剂有亚硒酸钠、酵母硒和纳米硒。研究发现，日粮中添加 0.2～0.4 毫克/千克纳米硒可显著提高产蛋后期鹌鹑的产蛋性能。

4. 维生素需要　维生素是一类重要的有机化合物。鹌鹑对维生素的需要量很少，但却是保证健康、正常生长、生产和繁殖所不可缺少的。维生素是体内多种酶的组成成分，主要功能为调节体内的代谢过程。维生素的种类很多，可以分为脂溶性维生素和水溶性维生素两大类。脂溶性维生素包括维生素 A、维生素 D、维生素 E 和维生素 K，饲料中添加量大于需要量时它们可以在鹌鹑体内贮存，而当饲料中短期内含量不足时又可释放出来供机体代谢；如果其用量过大会引起中毒。水溶性维生素主要有 B 族维生素和维生素 C，它们在体内存留时间短，体内的储存量很少，当饲料中含量不足时很容易出现缺乏症；饲料中含量过高则大量排泄，一般不易引起中毒。B 族维生素有硫胺素（B_1）、核黄素（B_2）、泛酸（B_5）、吡哆醇（B_6）、烟酸、生物素、胆碱、叶酸和维生素 B_{12} 等。各种维生素的功能及缺乏症见表 4-1。

表 4-1　各种维生素的功能及缺乏症

维生素	功 能	缺乏症
维生素 A	维持正常的生长发育，保护上皮细胞的完整性，增进视力，提高抗传染病能力	抵抗力下降，生长停滞，干眼病，羽毛松乱，繁殖力降低
维生素 D	促进钙、磷的吸收和代谢，维持骨骼的正常生长发育	佝偻病，畸形骨，伏地不起，软壳蛋和无壳蛋增多
维生素 E	抗氧化，维持正常生殖能力	雏鹑脑软化，种鹑繁殖力下降，种蛋孵化率降低
维生素 K	参与凝血	肌肉、黏膜出血
硫胺素	参与碳水化合物代谢和维护正常的消化功能	消化紊乱，神经系统失常，抽搐痉挛，头向后弯
核黄素	参与蛋白质和碳水化合物的代谢	弯趾性瘫痪，腹泻，发育迟缓，视力障碍
泛 酸	参与蛋白质、碳水化合物和脂肪的代谢	羽毛生长不良，眼部、喙和脚趾周围发炎
烟 酸	参与蛋白质、碳水化合物和脂肪的代谢	生长迟缓，膝关节肿大，口腔和舌头发炎
吡哆醇	参与氨基酸、脂肪和碳水化合物的代谢	抽搐痉挛，体重减轻
叶 酸	参与核酸和核蛋白的代谢	贫血，生长抑制，羽毛变淡
生物素	参与脂肪与蛋白质的代谢	羽毛生长障碍，生长迟缓，足部和头部皮肤损伤，关节炎
维生素 B_{12}	参与碳水化合物和脂肪的代谢，参与核酸合成	鹌鹑胚与雏鹑死亡率高，生长迟缓，羽毛生长缓慢
胆 碱	参与脂肪代谢	脂肪肝，肝脏出血

5. 水需要　水是生物体不可缺少的营养物质，鹌鹑体内的大部分水和亲水胶体结合，使组织具有一定形态、硬度和弹性。水直接参与饲料养分的消化吸收、代谢产物的排泄、血液循环、

体温调节等一系列的生理、生化过程。鹌鹑饮水不足，血液浓稠、体温失衡、生长和产蛋都受影响。

鹌鹑对水的需要量受各种因素的影响，而影响最大的因素是鹌鹑所处的环境温度。不同气温条件下，鹌鹑的饮水量不同。产蛋量高时饮水量大，笼养比平养多，限制饲养时饮水量也增加。一般而言，成年鹌鹑的饮水量约为采食量的2倍，雏鹑的比例更大些。

水在一般情况下是不会缺乏的，往往不引起人们的注意。在现代化的养鹑业中，由于线路故障，停电引起供水不足时，则常会出现缺水，在炎热的夏天发生这样的意外，后果是很惨重的。注意断水后再给饮水时，应逐渐恢复给水，限制饮水，防止暴饮而死亡，特别是雏鹑。水的供应一般均采用不断水、自由饮水的方式。只有在饮水免疫和饮水投药时先暂停供水，可缩短饮水免疫与用药时间。

（二）鹌鹑饲养标准

对不同种类、性别、年龄、体重、生产目的与生产水平的鹌鹑，规定所应供给的能量和各种营养物质数量或浓度为鹌鹑饲养标准，是鹌鹑日粮配合的依据。长期以来，我国对蛋鹌鹑的营养学研究滞后，目前我国生产鹌鹑饲料的厂家多借鉴美国、前苏联、法国等国家的鹌鹑饲养标准，但各国鹌鹑饲养标准差异很大，国内鹌鹑饲养生产者可以参考，但不宜盲目照搬，否则可能会引起鹌鹑某些营养素的不平衡、阻碍蛋鹌鹑生产潜力的发挥和生产成本的提高，甚至会引起代谢病的发生。美国NRC（1994）建议鹌鹑营养需要量，对代谢能、蛋白质和氨基酸、脂肪、常量元素、微量元素、水溶性维生素等进行规定（表4-2）；日本家禽营养标准（2003）对鹌鹑粗蛋白质与氨基酸需要量进行了修订，其他营养指标同美国NRC（1994）标准（表4-3）。法国动物营养平衡委员会（AEC，1993）提出鹌鹑营养需要建议量（表

4-4，表4-5）；我国有关鹌鹑的营养标准和水平多是参考国外标准，河北中禽鹌鹑良种繁育有限公司制定了白羽鹌鹑营养标准（表4-6）。

表4-2　美国NRC（1994）建议鹌鹑营养需要量

项　目	生长期0～5周龄	种鹌鹑
代谢能（兆焦/千克）	12.13	12.13
粗蛋白质（%）	24	20
蛋氨酸（%）	0.50	0.45
蛋氨酸＋胱氨酸（%）	0.75	0.70
赖氨酸（%）	1.30	1.00
色氨酸（%）	0.22	0.19
亮氨酸（%）	1.69	1.42
苯丙氨酸（%）	0.96	0.78
苏氨酸（%）	1.02	0.74
组氨酸（%）	0.36	0.42
维生素A（国际单位/千克）	1650	3300
维生素E（国际单位/千克）	12	25
维生素D_3（国际单位/千克）	750	900
维生素K_3（国际单位/千克）	1	1
硫胺素（毫克/千克）	2	2
核黄素（毫克/千克）	4	4
泛酸（毫克/千克）	10	15
烟酸（毫克/千克）	40	20
吡哆醇（毫克/千克）	3	3
胆碱（毫克/千克）	2000	1500
维生素B_{12}（微克/千克）	3	3

续表 4-2

项　目	生长期 0～5 周龄	种鹌鹑
叶酸（毫克 / 千克）	1	1
生物素（毫克 / 千克）	0.30	0.15
钾（％）	0.40	0.40
钠（％）	0.15	0.15
氯（％）	0.14	0.14
铜（毫克 / 千克）	5	5
铁（毫克 / 千克）	120	60
锰（毫克 / 千克）	60	60
锌（毫克 / 千克）	25	50
硒（毫克 / 千克）	0.20	0.20
碘（毫克 / 千克）	0.30	0.30
钙（％）	0.80	2.50
有效磷（％）	0.30	0.35

表 4-3　日本（2003）建议鹌鹑粗蛋白质与氨基酸需要量

项　目	育成期（0 日龄至初产）	产蛋期
代谢能（兆焦 / 千克）	11.70	11.70
粗蛋白质（％）	24	22
蛋氨酸（％）	0.50	0.45
蛋氨酸＋胱氨酸（％）	0.90	0.80
赖氨酸（％）	1.20	0.90
色氨酸（％）	0.25	0.25
亮氨酸（％）	1.90	1.70
异亮氨酸	1.10	1.00
苯丙氨酸（％）	1.10	1.10

续表 4-3

项　目	育成期（0 日龄至初产）	产蛋期
苯丙氨酸＋酪氨酸（%）	2.10	2.00
苏氨酸（%）	1.20	1.10
组氨酸（%）	0.40	0.40
精氨酸（%）	1.40	1.25
缬氨酸（%）	1.10	1.00
甘氨酸＋丝氨酸（%）	1.70	1.70

表 4-4　法国 AEC（1993）建议的鹌鹑日粮营养需要

营养成分	0～3 周龄	4～7 周龄	产蛋种鹑
代谢能（兆焦 / 千克）	12.13	12.97	11.72
粗蛋白质（%）	24.50	19.50	20.00
赖氨酸（%）	1.41	1.15	1.10
蛋氨酸（%）	0.44	0.38	0.44
蛋氨酸＋胱氨酸（%）	0.95	0.84	0.79
苏氨酸（%）	0.78	0.74	0.64
色氨酸（%）	0.20	0.19	0.21
钙（%）	1.00	0.90	3.50
总磷（%）	0.70	0.65	0.68
有效磷（%）	0.45	0.40	0.43

表 4-5　法国肉仔鹑的营养需要

营养成分	0～7 日龄	8～28 日龄	29～42 日龄	43 日龄～出售
代谢能（兆焦 / 千克）	12.23	12.34	12.45	12.60
粗蛋白质（%）	28	26	24	20
钙（%）	1.05	1.05	1.03	1.00

续表 4-5

营养成分	0～7 日龄	8～28 日龄	29～42 日龄	43 日龄～出售
磷（%）	0.78	0.78	0.80	0.80
无机盐（%）	8.50	5.00	5.00	6.50
脂肪（%）	3.20	5.00	6.50	7.00
纤维素（%）	3	4	4	5
蛋氨酸（%）	0.36	0.36	0.45	0.45
蛋氨酸＋胱氨酸（%）	0.80	0.80	0.89	0.89
赖氨酸（%）	0.80	0.89	1.10	1.10

表 4-6　中禽白羽鹌鹑营养需要建议量

项　目	0～3 周龄	4～5 周龄	种鹌鹑
代谢能（兆焦/千克）	11.92	11.72	11.72
粗蛋白质（%）	24	19	20
蛋氨酸（%）	0.55	0.45	0.50
蛋氨酸＋胱氨酸（%）	0.85	0.70	0.90
赖氨酸（%）	1.30	0.95	1.20
色氨酸（%）	0.22	0.18	0.19
亮氨酸（%）	1.69	1.40	1.42
苯丙氨酸（%）	0.96	0.80	0.78
苏氨酸（%）	1.02	0.85	0.74
组氨酸（%）	1.36	0.30	0.42
钙（%）	0.90	0.70	3.00
有效磷（%）	0.50	0.45	0.50
钾（%）	0.40	0.40	0.40
钠（%）	0.15	0.15	0.15
氯（%）	0.20	0.15	0.15

续表 4-6

项　　目	0～3周龄	4～5周龄	种鹌鹑
铜（毫克/千克）	7	7	7
铁（毫克/千克）	120	100	60
锌（毫克/千克）	100	90	60
锰（毫克/千克）	300	300	500
碘（毫克/千克）	0.30	0.30	0.30
硒（毫克/千克）	0.20	0.20	0.20
维生素 A（国际单位/千克）	5000	5000	5000
维生素 D（国际单位/千克）	1200	1200	2400
维生素 E（国际单位/千克）	12	12	15
维生素 K（国际单位/千克）	1	1	1
核黄素（毫克/千克）	4	4	4
烟酸（毫克/千克）	40	30	20
维生素 B_{12}（微克/千克）	3	3	3
胆碱（毫克/千克）	2000	1800	1500
生物素（毫克/千克）	0.30	0.30	0.30
叶酸（毫克/千克）	1	1	1
硫胺素（毫克/千克）	2	2	2
泛酸（毫克/千克）	10	12	15
吡哆醇（毫克/千克）	3	3	3

三、鹌鹑的常用饲料原料

（一）能量饲料

鹌鹑能量饲料是指饲料干物质中粗纤维含量低于18%，粗蛋白质含量低于 20% 的谷实类原粮。能量饲料是维持鹌鹑日常活动、新陈代谢、生长发育所需要能量的主要来源。鹌鹑常用能量饲料介绍如下。

1. 玉米　玉米是鹌鹑最主要的能量饲料，在鹌鹑饲粮配合中用得最多（40%～70%）。玉米的主要成分为淀粉，有利于鹌鹑消化吸收，其特点是能量高（代谢能 13.50～14.04 兆焦 / 千克）、粗纤维含量低（2%）、适口性好、消化率高。玉米粗蛋白质含量在 7.5%～8.7%，其氨基酸组成不平衡，主要表现为赖氨酸、色氨酸和蛋氨酸的含量偏低。选购玉米时，要求籽粒整齐、均匀，色泽呈黄色，无发酵、霉变、结块及异味。玉米中除硫胺素（维生素 B_1）含量较高外，其他维生素的含量均较少。黄玉米中含有胡萝卜素及叶黄素，它们对于保持蛋黄、皮肤的黄色具有重要作用。我国饲料用玉米的国家质量标准见表 4-7。饲用玉米要求水分一般不得超过 14%。

表 4-7　我国饲料用玉米的国家质量标准　（%）

质量指标	一　级	二　级	三　级
粗蛋白质	≥ 9.0	≥ 8.0	≥ 7.0
粗纤维	< 1.5	< 2.0	< 2.5
粗灰分	< 2.3	< 2.6	< 3.0

2. 小麦　很多国家把小麦作为家禽日粮的主要能量来源，其成分一般较其他谷物更加多变。小麦的能量（12.5 兆焦 / 千克）和蛋白质（12%～14%）含量均较高，而且蛋白质品质比玉米高（赖氨酸、蛋氨酸、色氨酸含量较玉米高）。小麦中 B 族维生素特别丰富，和玉米配合使用效果更好。鹌鹑日粮中小麦最高可增加到 30%。选购小麦时，要求籽粒整齐，色泽新鲜一致，无发酵、霉变及异味。水分要求，冬小麦不超过 12.5%（春小麦不超过 13.5%）。小麦含有较多的蛋白质，但从其蛋白质的氨基酸组

成来看，苏氨酸明显缺乏，赖氨酸也显得不足。虽然小麦的蛋白质含量比玉米要高很多，供应的能量只是略微少些，但是如果在日粮中的用量超过 30% 就可能造成一些问题，特别是幼龄鹌鹑。小麦中由于含有较多的水溶性非淀粉多糖（如戊糖），饲喂后会出现黏粪现象。使用合成的木聚糖酶则可以加大小麦的用量。

3. 碎米　碎米是稻谷制米过程中的破碎米粒，含有少量米糠。碎米淀粉含量高，纤维素含量低，易于消化，是鹌鹑的良好饲料，在我国南方水稻种植区可以考虑使用。注意，碎米中缺乏胡萝卜素和 B 族维生素，用量宜占鹌鹑日粮的 10%～20%。碎米中非淀粉多糖的含量很少，粗脂肪的含量较低（为 2.2% 左右），其代谢能水平与玉米相似，为 14.1 兆焦 / 千克。碎米的粗蛋白质含量为 8.8% 左右，也与玉米相似，其色氨酸、赖氨酸含量高于玉米，而亮氨酸含量偏低。南方地区在禽饲料中常配以一定量的碎米以取代部分玉米。

4. 麸皮　麸皮是小麦加工面粉的副产品，普通小麦麸的蛋白质含量为 15% 左右，代谢能约为 6.5 兆焦 / 千克，B 族维生素的含量丰富，维生素 E 的含量也较高。另外，麸皮中含有较多的铁、锌、锰和磷，但磷的消化率很低。麸皮结构疏松、粗纤维含量高，有助于刺激肠道蠕动，保持消化道健康。麸皮体积大，日粮中含量不宜超过 10%，产蛋期鹌鹑最好不用。饲用小麦麸国家标准见表 4-8，从外观性状看应为浅灰色细碎屑状，色泽新鲜一致，无霉变结块，无异味。其含水量应在 12% 以下。

表 4-8　饲用小麦麸的国家质量标准　（%）

质量指标	一　级	二　级	三　级
粗蛋白质	≥ 15.0	≥ 13.0	≥ 11.0
粗纤维	< 9.0	< 10.0	< 11.0
粗灰分	< 6.0	< 6.0	< 6.0

5. 次粉 是以小麦子实为原料磨制各种面粉后获得的副产品。由于加工工艺不同，制粉程度不同，出麸率不同，次粉的营养差异也很大。饲用次粉国家标准见表4-9，本标准适用于以各种小麦为原料，磨制精粉后除去小麦麸、胚及合格面粉以外的部分，即饲料用次粉。外观性状：粉状，粉白色至浅褐色，色泽新鲜一致。无发酵、霉变、结块及异味异臭。水分含量不得超过13%。以粗蛋白质、粗纤维及粗灰分为质量控制指标，按含量分为3级。次粉是鹌鹑生产中很好的一种饲料原料，用量一般为5%～10%。

表4-9　饲用次粉的国家质量标准　（%）

质量指标	一　级	二　级	三　级
粗蛋白质	≥ 14.0	≥ 12.0	≥ 10.0
粗纤维	< 3.5	< 5.5	< 7.5
粗灰分	< 2.0	< 3.0	< 4.0

6. 玉米胚芽粉 玉米胚芽粉为玉米胚芽脱油后的残渣，也称玉米胚芽粕。其代谢能较高，可达10兆焦/千克左右。粗纤维约为8%。粗蛋白质为16%～19%，其蛋白质的氨基酸组成特点为精氨酸含量特别高，赖氨酸和色氨酸含量也较高。从维生素含量看，它含有较多的维生素 E、维生素 B_2、胆碱等。

7. 油脂类 油脂的能量很高，而且很容易被鹌鹑所利用。在产蛋鹌鹑、商品肉鹌育肥期日粮中，为了增加能量，快速育肥，可以适当加入一定量的油脂。动物性油脂主要来自畜禽屠宰加工厂的下脚料，经高温加压蒸煮分离出的油脂，品质不稳定，选购时应注意。植物性油脂的亚油酸含量高于动物性油脂（表4-10），生产中使用较多的是豆油、玉米油，亚油酸含量丰富，有利于提高鹌鹑蛋重。

表 4-10 动、植物油脂中亚油酸含量 （%）

油脂类型	玉米油	豆 油	菜籽油	花生油	牛 油	猪 油	鱼 油
亚油酸所占比例	46	55	20	19	4	18	3

（二）蛋白质饲料

蛋白质饲料是指干物质中粗蛋白质含量大于或等于 20%，粗纤维低于 18% 的饲料。蛋白质是满足鹌鹑生长、羽毛更换、产蛋所必需的原料物质。在鹌鹑生产中主要应用的是饼粕类植物性蛋白质饲料。

1. 豆粕 豆粕则是大豆脱油后的副产品，脂肪含量 1.1%，代谢能为 10.29 兆焦 / 千克，粗蛋白质含量为 43% 左右。豆粕的氨基酸组成较为合理，赖氨酸的含量高（约为 2.5%），异亮氨酸、色氨酸、苏氨酸的含量也较高，与玉米配合日粮效果好。豆粕的不足之处在于其蛋氨酸的含量偏低，因此在以豆粕作为主要蛋白质饲料时，添加适量的蛋氨酸添加剂可取得良好的饲养效果。饲用豆粕国家标准见表 4-11。从外观性状来看：优质的豆粕应是淡黄色或黄褐色（加热过度呈暗褐色、加热不足颜色较浅）不规则的碎片状，色泽一致，干燥（含水量低于 13%），不发霉结块，无异味。

表 4-11 饲用豆粕的国家质量标准 （%）

质量指标	一 级	二 级	三 级
粗蛋白质	≥ 44.0	≥ 42.0	≥ 40.0
粗纤维	< 5.0	< 6.0	< 7.0
粗灰分	< 6.0	< 7.0	< 8.0

2. 菜籽粕 是菜籽脱油后的副产品。菜籽粕的粗蛋白质含量在 36% 左右，氨基酸组成特点：蛋氨酸含量高，精氨酸含

较低，与棉籽粕配合使用其互补效果较好。菜籽粕中粗纤维含量较高，为11%左右，而且还含有较多的不易消化的多聚糖，故其代谢能偏低，约为7.99兆焦/千克。在鹌鹑日粮中应限制其应用，一方面因为其适口性较差，影响采食量；另一方面因其含有有毒物质，一般用量控制在5%以下，经脱毒处理后可以增加到12%。菜籽粕外观性状为：黄色或浅褐色粗粉状，无发霉结块，无异味，水分含量不超过12%。菜籽粕质量标准见表4-12。

表4-12　饲用菜籽粕的国家质量标准　（%）

质量指标	一　级	二　级	三　级
粗蛋白质	≥ 40.0	≥ 37.0	≥ 33.0
粗纤维	< 14.0	< 14.0	< 14.0
粗灰分	< 8.0	< 8.0	< 8.0

3. 棉籽粕　棉籽粕是棉籽去壳脱油后的副产品。粗蛋白质含量一般为34%～38%，这种变异主要源于棉籽粕中棉籽壳的含量，在其蛋白质的氨基酸组成中赖氨酸和蛋氨酸的含量偏低，精氨酸的含量偏高。棉籽粕代谢能为8.3～9.2兆焦/千克。棉籽粕中含有有毒物质棉酚，在使用中应严格控制用量，产蛋种鹑最好不用，否则会影响到种蛋的受精率和孵化率。商品蛋鹑用量宜控制在6%之内。

4. 脱酚棉籽蛋白　是由棉籽经过剥绒、剥壳，在低温下一次性浸油、沥干后再经过脱除有毒物质（棉酚）后制成的一种高蛋白产品。脱酚棉籽蛋白是一种新的优良的高营养饲料原料，代谢能量水平与豆粕相当，粗蛋白质含量超过50%（最高达56%）、氨基酸组成良好、消化利用率较高。据中国农业科学院饲料研究所分析报告，脱酚棉籽蛋白氨基酸总量占粗蛋白质比例为95.6%，所含非蛋白氮很少。脱酚棉籽蛋白的含水率在8%以下，不易霉变，比较容易保存。脱酚棉籽蛋白加工工艺的脱酚比

较彻底，同时能去除棉籽在贮藏过程中可能产生的黄曲霉素，提高了使用的安全性。脱酚棉籽蛋白营养很适合于禽类需要，目前在一些饲料场配制鹌鹑饲料中大量使用，既可以满足鹌鹑对高蛋白的需求，又降低了饲料成本。脱酚棉籽蛋白除了赖氨酸略低于豆粕外，其他重要氨基酸都高于豆粕，是很适于家禽使用的饲料原料。

5. 花生粕 即花生仁经过脱油后的副产品。花生在榨油前一般都要去壳，因此其营养价值很高，粗蛋白质含量为44%左右，与豆粕相近。花生粕的另一特点是有香味，适口性好。花生粕的氨基酸组成特点是赖氨酸和蛋酸含量偏低，而精氨酸含量过高，使用时宜与菜籽粕、血粉、鱼粉等含精氨酸少的原料配合使用。花生中也含有抗胰蛋白酶因子，在油料加工过程若经过120℃高温处理则可使之灭活。花生粕容易染上黄曲霉而产生黄曲霉毒素，在含水较多、温度较高的情况下更易发生。

6. 葵花粕 葵花粕的营养价值取决于脱壳程度，未脱壳的葵花粕不适于用作鹌鹑饲料。葵花粕的代谢能为6.3～9.5兆焦/千克，粗纤维含量为12%～25%，粗蛋白质含量在28%～32%。其蛋白质的氨基酸组成特点是蛋氨酸含量较高，而赖氨酸含量较低。

7. 玉米蛋白粉 玉米蛋白粉也称玉米面筋粉，是玉米生产玉米淀粉或酿酒工业提纯后的副产品。玉米蛋白粉的蛋白质含量变异较大，在25%～60%，其蛋白质的氨基酸组成特点：赖氨酸、色氨酸含量很低，蛋氨酸含量较高，精氨酸含量高（是赖氨酸含量的2～2.5倍）。玉米蛋白粉的代谢能在7～10兆焦/千克。其中还含有较多的类胡萝卜素（约为270毫克/千克），所含的叶黄素是良好的着色剂，可以提高蛋黄色泽。玉米蛋白粉中粗纤维含量低（约为2%），容易消化吸收，适合鹌鹑饲料使用。

8. 鱼粉 鱼粉分进口鱼粉和国产鱼粉两种。进口鱼粉主要来自秘鲁、智利、巴西、阿根廷等国家，一般是由鳗鱼、鲱鱼、沙丁鱼等全鱼制成，品质优于国产鱼粉。鱼粉的营养特点：蛋白质含量高，氨基酸组成比例好。蛋白质含量一般在 60% 以上，高的达 70% 以上，鱼粉中的赖氨酸和蛋氨酸含量都很高，而精氨酸含量少，与大多数植物性蛋白质饲料的配伍效果都很好；鱼粉中磷的利用率很高；也含有较多的硒和锌；鱼粉中含有丰富的脂溶性维生素（A、D、E 和 K），水溶性维生素中核黄素、生物素和维生素 B_{12} 的含量也很丰富。此外，鱼粉中还含有未知促进生长因子。鱼粉价格较高，会增加饲料成本，在育雏期饲料中使用，用量一般为 5%～10%。

我国国产鱼粉的质量标准，见表 4-13。外观性状为黄褐色粗粉状，有正常的鱼腥味而无异臭及焦灼味，无发霉结块，水分含量不超过 12%，尝不到苦咸味。

表 4-13　国产鱼粉质量标准　（%）

质量指标	特　级	一　级	二　级	三　级
颜　色	黄棕色	黄棕色	黄褐色	黄褐色
粗蛋白质	≥ 65.0	≥ 60.0	≥ 55.0	≥ 50.0
粗脂肪	< 11.0	< 12.0	< 13.0	< 14.0
盐　分	< 2.0	< 3.0	< 3.0	< 4.0
含　沙	< 1.5	< 2.0	< 3.0	< 5.0

9. 肉骨粉　肉骨粉是肉类屠宰加工厂的下脚料和不能食用的屠体部分经高温高压灭菌、脱脂、烘干和粉碎后生产的产品。由于原料差异，所生产的肉骨粉营养水平也明显不同，肉骨粉的粗蛋白质含量在 25%～55%，代谢能在 6.5～11.3 兆焦/千克。通常把含磷量在 4.4% 以下的称为肉粉，在 4.4% 以上的称肉骨粉。这主要表明了原料中骨头所占的量。由于肉骨粉的质量不稳定，限制了其在鹌鹑饲料中的应用。

10. 血粉　血粉含蛋白质高达 80%，赖氨酸含量丰富，而异亮氨酸缺乏。使用时要注意同其他蛋白质饲料适当搭配。血粉适口性差，故不宜多喂，用量不超过 5%，否则影响食欲。

11. 蚕蛹粉　新鲜的蚕蛹脂肪含量高、有异味，直接饲喂容易造成消化紊乱。蚕蛹粉是由蚕蛹经干燥后粉碎而成的，若蚕蛹经脱脂后再干燥粉碎则称为蚕蛹粕或蚕蛹渣。蚕蛹粉的脂肪含量可达 20% 以上，蚕蛹粕的含脂率约为 3%，粗蛋白质含量可达 65%，代谢能在 10.4～11.4 兆焦/千克。蚕蛹粉容易消化吸收，营养价值与鱼粉相似。肉仔鹑育肥期不能添加，否则影响肉质风味。从其蛋白质的氨基酸组成方面来看，蛋氨酸含量很高，赖氨酸和色氨酸含量也较高，精氨酸的含量则较低。因此，在制作鹌鹑配合饲料时应与其他原料很好地搭配。

12. 饲料酵母　饲料酵母是采用工厂化发酵制成的，其粗蛋白质含量在 35%～50%，主要为菌体蛋白。从其氨基酸组成来看，蛋氨酸含量偏低，赖氨酸含量较高。其中还含有较为丰富的 B 族维生素及未知促生长因子。饲料酵母粉的质量（蛋白质及氨基酸组成）取决于菌种、培养基和酵母细胞的增殖方式。

优质饲料酵母粉的外观为黄灰色粉末或呈淡黄色小颗粒状，具有酵母特有的香味、无发霉结块。每克干样中酵母菌的数量达 30 亿个以上。代替部分鱼粉及豆粕用于配制鹌鹑日粮可取得良好的生产效果，在饲料中用量可占 2%～5%。但是，应该注意的是，目前市场上销售的饲料酵母粉绝大部分不是真正意义上的酵母粉，而只能称为酵母发酵饲料。因此，在选用饲料酵母时要进行认真分析，不能仅看粗蛋白质含量一项指标。粗灰分要求在 9% 以下。

（三）矿物质饲料

鹌鹑需要从饲料中获取的常量矿物元素有钙、磷、钠、钾、氯等。

1. 石粉　能够用作矿物质饲料的石粉由石灰石粉碎而来，主要成分为碳酸钙，用来补充鹌鹑对钙的需求。石粉含钙量为35%～38%，但某些地方生产的石粉中含有较多的氟、镁、砷等杂质，使用后会出现蛋壳较薄且脆，健康状况不良等现象。按规定饲料用石粉中镁含量小于0.5%，汞含量小于2毫克/千克，砷和铅含量皆小于10毫克/千克。石粉使用时不要完全粉碎成粉状，粉碎成米粒大小为好（石米）。石米适合鹌鹑吞食，在鹌鹑肌胃中有研磨原粮作用，有利于原粮消化吸收。

2. 贝壳粉　贝壳粉为主要的钙补充矿物质饲料，主要成分为碳酸钙，且含有畜禽体内所必需的磷、锰、锌、铜、铁、钾、镁等。一般认为，海水贝壳要优于淡水贝壳，使用时将收集的贝壳洗净晒干，粉碎成米粒大小的碎片即可。贝壳粉的品质和饲喂效果优于石粉，贝壳粉中不仅含有大量的钙，在贝壳的珍珠层中还含有多种氨基酸。因而用贝壳粉作饲料添加剂，不但能促进鹌鹑骨骼生长、血液循环，还可改善其蛋壳品质，使蛋壳的强度增高，破蛋、软蛋减少。

3. 骨粉　饲料用骨粉是以新鲜无变质的动物骨经高压蒸汽灭菌、脱脂或经脱胶、干燥、粉碎后的产品。骨粉中钙、磷、铁含量丰富，而且比例适当，钙、磷容易吸收。骨粉主要成分：钙30.7%，磷12.8%，钠5.69%，镁0.33%，钾0.19%，硫2.51%，铁2.67%，铜1.15%，锌1.3%，氯0.01%，氟0.05%。骨粉是鹌鹑饲料中常用的磷源饲料，同时也补充钙。使用骨粉必须注意原料质量，未经高温消毒的骨粉不能直接使用，防止带有病原体而传染疫病。根据加工方法不同，骨粉可分为脱胶骨粉和蒸制骨粉两种。脱胶骨粉利用高温高压处理，脱去所含的蛋白质、脂肪、骨髓后制成，为白色粉末状，无臭味，骨渣质地松脆。蒸制骨粉是骨头经高温高压处理，脱去大部分蛋白质、脂肪后，经压榨、干燥制成，色泽为灰褐色，有特有的骨臭味。因此，尽量使用脱胶骨粉较好。骨粉的国家标准见表4-14。

表 4-14 饲用骨粉的国家质量标准

总磷（%）	粗脂肪（%）	水分（%）	酸价（氢氧化钾）（毫克／克）
≥ 11.0	≤ 3.0	≤ 5.0	≤ 3

4. 磷酸氢钙 也称为磷酸二钙，是目前饲料中广泛使用的一种磷源饲料，其钙、磷的含量分别为 21% 与 16%，利用效率较高。饲料用磷酸氢钙质量标准见表 4-15。其外观为白色或灰色粉末状或粒状。在市场上常见到一些品质差的产品，磷含量不足而氟含量超标。

表 4-15 磷酸氢钙质量标准

指　标	含量标准
磷（%）	≥ 16
钙（%）	≥ 21
砷（毫克／千克）	≤ 30
重金属（以铅计，毫克／千克）	≤ 20
氟（毫克／千克）	≤ 1800

5. 石膏 石膏的主要成分为硫酸钙，在鹌鹑保健砂中使用主要作为钙源和硫源，补充钙、硫元素的不足。鹌鹑在产蛋期、换羽期、生长期对钙源需求比较多。硫酸钙作为无机硫源被鹌鹑利用，减少蛋白质对硫源的补充。硫酸钙在保健砂中一般推荐使用二水硫酸钙（生石膏），具有清凉解毒功效。石膏能补充硫，对羽毛生长有利，对鹌鹑换羽有良好的促进作用，保健砂中生石膏用量为 5% 左右。

6. 氯化钠 也称食盐，用来补充氯和钠的不足。一般鹌鹑日粮中食盐含量在 0.3% 左右，不要经常变动。食盐供应不足时，会出现啄羽、啄肛等异食癖，采食量下降而影响生长和产蛋。

表 4-16　鹌鹑部分矿物质饲料主要元素含量

矿物质 饲料	钙 （%）	磷 （%）	镁 （%）	钾 （%）	硫 （%）	钠 （%）	氯 （%）	铁 （%）	锰 （%）
石　粉	35.81	0.01	2.06	0.11	0.04	0.06	0.02	0.34	0.020
贝壳粉	38.10	0.07	0.30	0.10	—	0.21	0.01	0.29	0.013
脱胶骨粉	30.71	12.86	0.33	0.19	2.51	5.69	0.01	2.67	0.030
磷酸氢钙	29.60	22.77	0.80	0.15	0.80	0.18	0.47	0.79	0.140
生石膏	23.00	—	—	—	18.60	—	—	—	—
食　盐	0.03	—	0.13	—	—	39.20	60.61	—	—

注："—"为未检测到。

（四）常用饲料添加剂

鹌鹑饲料中除需要蛋白质饲料、能量饲料、矿物质饲料等主要原料外，还需要各种微量的营养元素和防病保健类添加剂。这些需要量很小的物质都是以添加剂的形式供给，在加入饲料前，一般要经过稀释剂的稀释，才能混合均匀，防止中毒。鹌鹑常用饲料添加剂有以下几种。

1. 复合维生素添加剂　维生素因在畜禽代谢过程中起着重要的营养和保健作用，从而成为现代饲料工业和集约化饲养条件下必须补充的饲料添加剂。全价饲料配制直接使用单项维生素存在着许多弊端，多数单项维生素容易在光、热、湿等条件下失去活性，而且维生素生产设备要求高，投入大，生产工艺要求高。目前，生产中大量应用的是由多种维生素制剂加上载体或稀释剂制成的均质混合物，即多种维生素预混料产品（称复合维生素添加剂）。氯化胆碱因有极强的碱性和吸湿性，对其他维生素生理效价的影响较大，必须单独添加。常用的几种复合维生素添加剂的成分含量见表 4-17。

表 4-17 几种常见蛋禽用复合维生素添加剂的成分 （每千克含量）

种 类	白云维他	圣旺维他	牧乐维他	山东鲁维素	新杨维他
维生素 A（国际单位）	5400 万	5400 万	5400 万	4000 万	4500 万
维生素 D_3（国际单位）	1080 万	1080 万	1080 万	1400 万	1500 万
维生素 E（毫克）	1.5 万	1.5 万	1.5 万	4.0 万	5.0 万
维生素 K_3（毫克）	5000	5000	5000	5000	1.0 万
维生素 B_1（毫克）	2000	2000	2000	6000	3000
维生素 B_2（毫克）	1.5 万	1.5 万	1.5 万	2.0 万	2.2 万
维生素 B_6（毫克）	3000	3000	—	6000	—
维生素 B_{12}（毫克）	30	30	30	40	20
泛酸钙（毫克）	2.5 万	2.5 万	2.5 万	5.0 万	2.0 万
叶酸（毫克）	500	500	500	2000	—
烟酸（毫克）	3 万	3 万	3 万	5 万	6.0 万
生物素（毫克）	—	160	—	300	—

注："—"为未检测到。

2. 鱼肝油 鱼肝油在临床上主要用来治疗维生素 A 缺乏所致的夜盲症、干眼病。除此之外，还可用来增强机体抗病功能。加入饮水中可以保护上皮组织的完整健全，能提高对外界病原微生物的防御作用。同时，还可影响机体蛋白质的合成和钙的吸收，从而能影响鹌鹑的生长发育；但是，若长期使用，也会出现蓄积中毒，特别是饲料中脂类物质较多的时候，不能长期使用。

降低畸形蛋，提高产蛋率。初开产的青年鹌鹑产蛋时软壳蛋、破损蛋比较多，蛋形、斑点、光泽、大小均达不到要求。而且公母混养的成年鹌鹑亦会出现该现象。如果在饮水中添加鱼肝油，各种畸形蛋数量就会明显下降，同时产蛋率也有明显提高。

产蛋高峰期的鹌鹑，在受到惊吓的时候，常四处乱撞，稍歇片刻，就会有小部分出现剧烈的神经症状（一般有 5% 左右）。

主要表现为迅速倒地，头偏向一侧，翅膀不断地扑腾做旋转运动，间歇时低头奋翅，羽毛散乱，精神萎靡不振。小部分昏迷抽搐死亡。如果在饮水加入治疗量的鱼肝油，则鹌鹑群在受到惊吓后，一般不再出现上述症状，应激现象也会得到明显缓解。

3. 微量元素添加剂 鹌鹑笼养后需要补充微量元素。主要为铁、铜、锌、锰、碘和硒的化合物，如硫酸亚铁、硫酸铜、硫酸锌、硫酸锰、碘化钾和亚硒酸钠等。目前市售的产品多是复合微量元素（有 0.5% 和 1% 两种），载体多为轻质石粉。各种微量元素化合物含量（表 4-18）。

表 4-18　常用添加剂（纯化合物）的微量元素含量

元素	化合物	化学式	微量元素含量（%）
铁（Fe）	七水硫酸亚铁	$FeSO_4 \cdot 7H_2O$	20.1
	一水硫酸亚铁	$FeSO_4 \cdot H_2O$	32.9
铜（Cu）	五水硫酸铜	$CuSO_4 \cdot 5H_2O$	25.5
	一水硫酸铜	$CuSO_4 \cdot H_2O$	35.8
锰（Mn）	五水硫酸锰	$MnSO_4 \cdot 5H_2O$	22.8
	一水硫酸锰	$MnSO_4 \cdot H_2O$	32.5
锌（Zn）	七水硫酸锌	$ZnSO_4 \cdot 7H_2O$	22.75
	一水硫酸锌	$ZnSO_4 \cdot H_2O$	36.45
	氧化锌	ZnO	80.30
	碳酸锌	$ZnCO_3$	52.15
硒（Se）	亚硒酸钠	Na_2SeO_3	45.6
碘（I）	碘化钾	KI	76.45
	碘酸钙	$Ca(IO_3)_2$	65.10
钴（Co）	七水硫酸钴	$CoSO_4 \cdot 7H_2O$	20.48
	一水硫酸钴	$CoSO_4 \cdot H_2O$	34.08

4. 氨基酸添加剂 蛋白质的生物学价值与其氨基酸组成的平衡效果有关，对于大多数饲料原料来说其氨基酸平衡效果均不佳，主要是某几种必需氨基酸的含量不足或过高。对于一般配制

的家禽饲料来说有几种氨基酸最易显得不足，如赖氨酸、蛋氨酸和色氨酸等，若在饲料中能够适量补充相应的合成氨基酸则会使家禽的生产性能明显提高。鹌鹑饲料配制常用的合成氨基酸添加剂有蛋氨酸和赖氨酸，纯度为98%以上，以单品形式出售。蛋氨酸和赖氨酸在不同类型鹌鹑、不同的生长阶段鹌鹑饲料中都需要添加，氨基酸添加剂的质量标准见表4-19。鹌鹑饲料中赖氨酸缺乏主要表现生长发育不良，发育迟缓。蛋氨酸缺乏则表现啄癖、羽毛生长不良、产蛋率下降、饲料转化率下降。

表4-19　几种氨基酸添加剂的质量标准

	L-赖氨酸	DL-蛋氨酸	DL-色氨酸
纯度（%）	≥ 98.5	≥ 98.5	≥ 98.5
砷（毫克/千克）	≤ 2	≤ 2	≤ 2
重金属（以铅计，毫克/千克）	≤ 30	≤ 20	≤ 20
氯化物（%）	≤ 0.2	≤ 0.2	≤ 0.2

5. 抗生素替代品　抗生素添加剂是目前国内外应用较广泛的饲料药物添加剂，主要有黄霉素、金霉素、盐霉素、马杜拉霉素、泰乐菌素、杆菌肽锌等。合理使用抗生素添加剂，能促进畜禽生长发育、预防疾病、缩短饲养周期、提高饲料利用率及改善动物产品的品质；若不合理地长期使用，尤其是滥用抗生素添加剂，常引起耐药菌株的产生，并可导致畜禽产品中的药物残留量增加，对畜禽生长及人体健康造成直接危害。鹌鹑饲料中添加适量抗生素的目的是防病和促生长，提高产蛋鹌鹑的产蛋量。由于抗生素容易造成产品药物残留和耐药性菌株的出现，应尽量减少和不用抗生素添加剂，而寻求抗生素替代品。

（1）**益生素**　益生素又称活菌制剂或微生态制剂，主要是肠球菌、乳酸杆菌、双歧杆菌、芽孢杆菌、酵母菌等，是无毒、无副作用、无残留的绿色饲料添加剂。益生素可在消化道内增殖，产生乳酸和乙酸使消化道内 pH 值下降并产生溶菌酶、过氧化氢等代谢产物，抑制有害细菌在肠黏膜的附着与繁殖，平衡动物消化道内的微生物群。益生素与消化道菌群之间存在着生存和繁殖的竞争，限制致病菌群的生存、繁殖及在消化道内的定居和附着，协助机体消除毒素及代谢产物。益生素可刺激机体免疫系统，提高干扰素和巨噬细胞的活性，促进抗体产生，提高免疫力和抗病能力。许多益生素具有抑制消化道内氨及其他腐败物质生成的作用。益生素可产生各种消化酶，促进动物对营养物质的消化吸收。同时，益生素还有合成 B 族维生素、维生素 K 等微量营养素及改善矿物质吸收的功能。

（2）**寡聚糖** 寡聚糖是由一个糖基通过糖苷键连接而成的具有直链或支链结构的低聚物的总称。目前用作饲料添加剂的寡聚糖主要有低聚果糖、半乳聚糖、甘露寡聚糖、半乳蔗糖、大豆寡聚糖、低聚异麦芽糖。这些寡聚糖都属短链分支糖类，因其不能被动物消化，但可以被肠道有益微生物利用，从而促进有益菌群的增殖。寡聚糖因其调节动物微生态平衡的作用与活菌制剂相似，营养界称其为化学益生素。寡聚糖生理功能：促进动物生长，防止动物腹泻与便秘，增强动物免疫功能，提高动物的抗病力，减少粪便中氨气等腐败物质的产生，防止环境污染，提高动物对营养物质的吸收率和饲料的利用效率，降低血清中胆固醇的含量等。

（3）**酸 化 剂**

①有机酸 如柠檬酸、延胡索酸、乳酸、乙酸、丙酸、甲酸等及其盐类。此外，还有苹果酸、山梨酸和琥珀酸等。有机酸具有良好的风味，能改善饲料的适口性，参与体内营养物质的代谢等而被广泛应用。但成本较高。

②无机酸化剂 如盐酸、硫酸、磷酸，其酸性强，成本低，生产中也可添加。

③复合酸化剂 是利用各种有机酸和无机酸按一定比例配合而成，具有良好的缓冲效果，能迅速降低 pH 值，减少营养性腹泻。

饲用酸化剂能使病原微生物的繁殖受到抑制，使有益菌增殖，具有提高消化道酶活性和营养物质消化率的作用。酸化剂还能减少肠道微生物有害代谢产物如氨气、多胺类物质的产生，改善消化道的内环境。有些酸化剂还能直接参与机体内代谢，如柠檬酸、延胡索酸参与机体三羧酸循环，生成乳酸，通过糖异生作用释放能量；还可以络合钙、锌、铁、锰等矿物元素促进其在体内的吸收和存留。同时，在酸性环境下，也有利于维生素 A 和维生素 D 的吸收，增强免疫功能，缓解应激。利用有机酸控制病原菌有助于调节免疫系统的反应。

（4）**酶制剂** 酶广泛存在于所有生物体内，尤其是细菌、真菌等微生物是各种酶制剂的主要来源。生物体内产生的酶，经过特定加工工艺加工后的产品就是酶制剂。酶制剂分单一酶制剂和复合酶制剂。目前除植酸酶有单一酶产品外，其余饲用酶制剂大多是包含两种或多种酶的复合制剂。应用较多的有纤维素酶、葡聚糖酶、木聚糖酶、淀粉酶、蛋白酶、果胶酶和植酸酶等。添加饲用酶制剂能补充动物内源酶的不足，增加动物自身不能合成的酶，从而消除抗营养因子、改变肠道微生物群，增加肠道有益菌，促进畜禽对养分的消化吸收，提高饲料利用率促进生长。

（5）**抗菌肽** 抗菌肽是生物体内诱导产生的一种具有强抗菌作用的多肽类物质。它广泛存在于多种生物体内，是生物体对抗外界病原侵染而产生的一系列免疫反应的产物。其分子量小，性能稳定，具有较强的广谱抗菌能力，对革兰氏阳性菌及阴性菌均有杀伤作用，对原虫、肿瘤也有抑制作用。抗菌肽有着独特的不同于抗生素的抗菌机制。抗菌肽作用于微生物膜、细胞膜外膜，主要是作用于膜脂质的基质，通过物理化学机制使膜的通透性增大，破坏其屏障而达到杀伤细胞的效果。抗菌肽具有"传统抗生素"无法比拟的优越性，不会诱导抗药菌株的产生，有广阔的应用前景。

（6）中草药添加剂 中草药安全可靠，毒副作用小，其抗菌作用的广泛性和协同使用而不会出现抗药性。有些中草药本身就含有丰富的蛋白质、维生素和矿物元素，兼有药效和营养双重功能。中草药饲料添加剂作用：①理气消食、助脾健胃，如陈皮、神曲、麦芽、枳实、山楂等。②活血化瘀、促进代谢，如红花、当归、益母草、鸡血藤等。③清热解毒、杀菌抗病，如金银花、连翘、荆芥、柴胡、野菊花、麦饭石等。④驱虫除积，如槟榔、贯众、使君子、百部、硫黄等。⑤宣肺化痰、止咳平喘，如用华山参、牛黄、雄黄、苍术、板蓝根、冰片、桔梗、蟾酥、青黛、马钱子、煅硼砂和百部等配制的参蟾解毒定喘丸对治疗传染性支气管炎有显著效果。利用中草药煎成汤或研磨成细末生产出单方或复方制剂。在普通饲养条件下，将制剂添加于日粮中，供鹌鹑饲用或饮用，以期预防鹌鹑疾病、加速生长、提高生产性能和改善鹌鹑产品质量。

四、鹌鹑饲料配制

由于单一饲料很难满足鹌鹑的营养需要，因此将各种饲料原料相互搭配，使日粮中各种营养物质的种类、数量及相互比例均衡满足鹌鹑的营养需要。一般以各种饲料的百分比例配合。

（一）鹌鹑饲料配制应注意的问题

1. 饲料原料的多样化 在进行鹌鹑的日粮配合时，饲料的品种应多一些，使不同饲料的营养成分能互相补充，达到全价和平衡。

2. 饲料原料来源可靠 饲料的来源应可靠，以保证配方相对稳定，避免更换配方造成大的应激，保证饲料价格合理。尽量选择当地生产、价格便宜的饲料原料，以降低饲料成本。

3. 注意粗纤维含量　鹌鹑对粗纤维的消化能力很有限，要选择粗纤维含量低、容易消化吸收的饲料原料，特别是在育雏期和产蛋期更要注意。

4. 适口性与安全性　注意饲料原料的品质和适口性，饲料的品质优良，不能用发霉变质的饲料，有条件时应对饲料成分、清洁度、卫生指标进行分析测定。禁止使用发霉变质饲料。

5. 营养浓度要高　鹌鹑的消化道容积小，所以饲料的体积也应小，麸皮用量不宜过多。配好的饲料应与饲养标准相符，既要满足鹌鹑的营养需要，又不应营养过多。

6. 混合均匀　各种添加剂（氨基酸、多种维生素、微量元素）计量准确，各种饲料配合好后进行粉碎，一定要混合均匀，特别是一些微量成分（微量元素和维生素等添加剂），要采取逐级混合法。粒度要在1毫米以下。

（二）日粮配制的方法

鹌鹑的饲养标准中，规定了近30种营养成分的指标，饲料供应部门多应用配方软件进行科学配料。但是一般养鹑场和养鹑专业户，可采用以下简略方法：首先根据饲养标准，将需要计算的各种营养成分标准列出，将各种饲料的比例确定，将各种饲料所含营养成分的量计算出来，合计配方中各营养成分的总量，与饲养标准对照，如与标准不符，应进行调整，直至与标准基本相符，若某种氨基酸成分不够，而调整配方仍不能达到标准，可以添加剂形式加入，最后按配方饲喂，先检验配方效果是否令人满意；若有问题，还应调整，一旦确定，不要轻易改动。

配料时，常规饲料的一般比例：①能量饲料（谷物类）2～3种，比例60%～70%。②糠麸类1～2种，比例5%～10%。③植物性蛋白质饲料（饼粕类）2～3种，比例20%～30%。④动物性蛋白质饲料（鱼粉、肉骨粉、蚕蛹粉等）1～2种，比例10%～

15%。⑤矿物质饲料（骨粉、石粉、食盐等）2%～6%。⑥添加剂类（微量元素、维生素、药物等）0.5%～1%。

（三）饲料配方示例

生产中饲料配方实例见表4-20、表4-21。

表4-20　蛋用型鹌鹑及种鹑的配方实例　（%）

饲料	育雏期（0～20天）			育成期（21～40天）			产蛋期及种用期（41天以后）		
	方一	方二	方三	方一	方二	方三	方一	方二	方三
玉　米	54.0	49.5	53.0	60.0	52.0	57.6	58.0	49.0	59.0
小　麦	—	7.2	—	10.0	—	—	10.0	—	—
豆　粕	25.0	28.0	32.0	19.6	17.6	22.0	20.0	22.0	20.0
菜籽饼	—	3	—	3	—	5	3	—	—
国产鱼粉	13	10	8	5	8	3	11	11	10
酵母粉	2.0	—	—	—	—	—	—	—	3.0
麸　皮	4.2	—	4.7	10.0	10.0	10.0	—	—	—
骨　粉	1.00	1.46	1.46	1.47	1.47	1.47	1.55	1.55	1.55
石　粉							5.5	5.5	5.5
食　盐	0.16	0.20	0.20	0.30	0.30	0.30	0.30	0.30	0.30
蛋氨酸	0.1	0.1	0.1	0.1	0.1	0.1	0.1	0.1	0.1
微量元素	0.5	0.5	0.5	0.5	0.5	0.5	0.5	0.5	0.5
多种维生素	0.04	0.04	0.04	0.03	0.03	0.03	0.05	0.05	0.05
营养含量									
代谢能（兆焦/千克）	11.96	12.00	11.87	11.86	11.89	11.72	11.58	11.57	11.65
粗蛋白质	24.2	24.0	23.8	19.1	19.1	19.65	21.0	21.0	20.8
钙	1.10	1.12	1.02	0.88	0.99	0.81	3.09	3.08	3.09
磷	0.84	0.81	0.80	0.76	0.81	0.75	0.79	0.79	0.83

表 4-21 肉仔鹑的配方实例 （%）

饲 料	0～15 天			16～35 天		
	方一	方二	方三	方一	方二	方三
玉 米	54.65	54.00	52.10	65.20	62.80	64.00
豆 粕	34	34	39	23	27	26
菜籽饼	—	3.32	3.00	—	2.00	4.40
国产鱼粉	9.0	6.0	3.0	10.0	6.0	3.0
骨 粉	1.0	1.2	1.3	0.6	0.8	1.0
石 粉	0.5	0.5	0.5	0.5	0.5	0.5
食 盐	0.1	0.2	0.3	0.1	0.2	0.3
赖氨酸	0.10	0.10	0.10	—	0.06	0.16
蛋氨酸	0.10	0.13	0.15	0.06	0.10	0.10
微量元素添加剂	0.5	0.5	0.5	0.5	0.5	0.5
禽用多种维生素	0.05	0.05	0.05	0.04	0.04	0.04
代谢能(兆焦/千克)	12.07	11.94	11.89	12.56	12.38	12.33
粗蛋白质	24.6	24.2	24.4	21.2	21.4	20.1
钙	1.00	1.00	0.94	0.94	0.86	0.81
磷	0.71	0.70	0.68	0.62	0.60	0.59

（四）鹌鹑饲料的种类

1. 全价配合饲料 根据各个阶段鹌鹑的营养需要，将多种饲料原料按照科学配方和加工方法制成的全价饲料，直接喂给，不再添加其他物质。全价配合饲料应用简单方便，适合中小型饲养户采用，不需购买其他原料，且品质较为稳定。对于大型饲养场来说运输成本增加，最好采用浓缩饲料或添加剂预混料。

2. 浓缩饲料 将预混料、矿物质饲料、合成氨基酸和某些蛋白质饲料，按一定比例混合，使用前只需加入能量饲料就可成为全价配合饲料。浓缩饲料一般占全价饲料的比例为30%～40%，应有明确的标签说明。

3. 添加剂预混料　添加剂预混料是将全价饲料中除去能量饲料和蛋白质饲料以外的部分（微量元素、维生素、矿物质）混合而成的小料。在规模化鹌鹑生产中，有时购买大量的全价配合饲料会增加运输成本，而且不能利用当地的饲料原料（如玉米、豆粕等）。不同类型的饲料如雏鹑料、仔鹑料、育肥料、种鹑料等有各自的预混料，主要成分为维生素、微量元素和其他添加物。添加剂预混料有1%、2%、5%等多种，应有明确的标签说明。

第五章

蛋用鹌鹑的饲养管理

鹌鹑属于早熟性禽类，根据鹌鹑生长发育特点，可以将鹌鹑的饲养周期划分为3个阶段：育雏期（0～21日龄）、育成期（21～35日龄）、产蛋期（35～400日龄）。各个阶段在饲养管理上有其特殊的要求，需要进行1～2次转群。

一、雏鹑培育

（一）雏鹑生长发育特点

育雏期的鹌鹑生长发育迅速，初生蛋用鹌鹑仅重7～8克，到6周龄时即可长到110～130克，为初生重的15～16倍（表5-1）。雏鹑体小娇弱，对环境的适应性差，体温调节功能不健全，体温比成年鹌鹑体温低2℃～3℃，1周以后逐渐达到成鹑体温，因此育雏阶段需要提供较高的环境温度才能够正常发育。雏鹑消化器官容积小、消化能力差，要求饲料养分含量高、容易消化吸收、颗粒较小、便于采食。

表 5-1　朝鲜鹌鹑早期体重发育　（单位：克）

性　别	个体数	10 日龄体重	17 日龄体重	24 日龄体重	31 日龄体重	38 日龄体重
公	149	28.07	50.36	74.60	97.17	109.38
母	143	28.84	52.48	78.16	101.94	117.92
平　均	292	28.44	51.40	76.35	99.51	113.58

资料来源：云南农业大学李明丽（2010）。

（二）育雏方式的选择

1. 笼养　笼养有很多优点，如育雏环境容易控制、清洁卫生、育雏量大（图 5-1）等。小型育雏笼只有 1 层，便于观察。规模化饲养普遍采用叠层式多层育雏笼，3～5 层。单笼放入 150 只雏鹑。为了保证雏鹑腿部的正常发育，育雏第一周要求在笼底铺上垫布，不能用太光滑的纸或塑料布，以免雏鹑运动时因打滑而扭伤关节。垫布要经常清洗更换。

图 5-1　笼养育雏

2. 网床育雏　网床育雏是一种较为先进、合理的育雏方式，与笼养育雏比较，网床育雏便于观察，雏鹑光照条件较好，有利于采食与饮水，特别适合白羽鹌鹑的育雏（图 5-2）。网床育雏的雏鹑成活率高达 99% 以上，是中等规模养殖户最佳的育雏方式。但要注意，雏鹑在网床上的生活最多 15 天，然后要转入产蛋笼或育成笼中饲养，因其已经具备飞翔与跳跃

图 5-2　网床育雏

能力，会飞到舍内地面，致使不能正常采食饮水而饿死。

3. 火炕育雏　火炕育雏在北方地区小批量育雏可以采用，具有投资小、育雏效果好等优点。每平方米炕面可以饲养雏鹑150～200只，因饲养数量受到限制而逐步被淘汰。

（三）育雏前的准备工作

1. 育雏舍的建造要求　鹌鹑育雏需要较高的温度，因此育雏舍首先要求保温性能良好，尽量减小鹑舍各部位温差，育雏舍墙壁和顶棚要加设隔热保温层。育雏舍高度2.8～3米，太高不利于鹑舍升温与保温。育雏舍要有配套加温设施，保证达到育雏所需的温度。加温设施小型养鹑户多用煤炉，注意要设置烟筒，将燃烧废气排出舍外，以防煤气中毒。大型养鹑场最好用水暖或热风炉加热，水暖锅炉、热风炉也需要设置在舍外，避免燃烧消耗舍内的氧气，造成雏鹑缺氧。育雏舍窗户要求小而少，位置靠近房舍上部，既满足通风要求，又有利于保温。为了方便通风，育雏舍最好设置专用进气口和排气口。进气口设在较高位置，一般在房檐下，进气管舍外部分向下弯曲，防止堵塞。进气口内设挡板，使进入鹑舍的气流向上流动，不能直接吹到育雏笼具或平网。排气口应设置在进气口的另一端，靠近墙角处，排气口装风机，定时开动风机，进行负压通风。夏季外界气温高时，可以打开窗户自然通风。为了便于冲洗和消毒，育雏舍墙壁、地面、顶棚要求光滑、不吸水。密闭性好的鹑舍，空舍熏蒸消毒效果好。

2. 育雏舍清洁消毒和设备维修　每批雏鹑转出后，首先要打扫卫生，清除舍内的灰尘、粪渣、羽毛、垫料等杂物。然后用高压水龙头或清洗机将房舍自上而下冲洗干净，特别是下水道内的污物要清理冲洗干净，用火碱进行喷洒消毒。然后对育雏舍排气口、进气口、门窗、电源、风机进行维修。

育雏笼笼网上面的灰尘、粪渣、羽毛等用水和刷子冲刷干净，笼具可以用火焰消毒法消毒，可以彻底杀死球虫卵囊与病原微生物。承粪板清洗干净后要用消毒剂浸泡消毒。维修损坏或不合格的笼网。清洗料盘、饮水器及其他饲养用具，然后浸泡消毒。最后在笼内或网面放置饮水、采食设备。检查电路、通风系统和供温系统。接雏前1周对鹑舍设备进行熏蒸消毒。每立方米空间用40%甲醛溶液42毫升和高锰酸钾21克，一同放入陶瓷盆中，密闭鹑舍48小时。

3. 育雏用品的准备　育雏用品包括育雏期配合饲料、消毒药品、抗菌药物、新城疫疫苗、维生素类添加剂等。其他用品包括各种记录表格、温度计、喷雾器等。雏鹑进舍前要将所有料盘加上饲料，饮水器加足凉开水。特别强调垫布准备，育雏器内的垫布最理想的是粗布。由于刚孵出的雏鹑腿脚软弱无力，在光滑的辅料上行走时，易形成"八"字腿，时间一长，就不会站立而残废。禁用报纸或塑料布。垫布5～7天后即可撤除。地面平养垫料要平整，避免鹌鹑站立不稳造成受伤。火炕育雏可以直接养在泥土火炕上。

4. 育雏舍的预热　育雏舍进雏前2天开始升温，提高舍内温度，检查加温和房舍保温效果。水暖加热时，检查锅炉出水温度。热风炉加热，热风温度不能太高，以免造成鹌鹑脱水死亡。火墙、地下烟道、火炕加热要检查是否漏烟，升温用的炉子必须安装烟筒，以免造成煤气中毒。如果发生煤气中毒，半个小时就会全军覆没。发生煤气中毒前，鹌鹑叫声特别尖，叫声一片，时间不长就悄无声息。测定各点温度，雏鹑活动区或保持35℃左右，其他地方25℃左右即可。

（四）育雏条件的控制

雏鹑个体小、体温低、适应性差，必须严格控制育雏条件，包括育雏温度、空气湿度、光照、通风、饲养密度等。

1. 温度　雏鹑体温调节功能不完善，对外界环境适应能力差，对温度非常敏感。同时，幼雏个体很小，而体表面积相对较大，散热量较成鹑多。因此，温度是雏鹑饲养最重要的环境条件，一般需要较高的温度，并且随日龄增加逐渐降低。育雏期正常育雏温度，见表5-2。温度掌握不仅仅依靠温度计，更主要的是观察雏鹑的状态，看鹑控温。同时，还应注意天气变化，冬季稍高些，夏季稍低些；阴雨天稍高些，晴天稍低些；晚上稍高些，白天稍低些。

在生产中，饲养管理人员应认真观察雏鹑的活动状态，掌握合理温度。如果雏鹑均匀分布，站立四处张望、鸣叫，四处奔跑探究，采食、饮水正常，休息时伸颈伏卧，说明温度正常、生长发育好。如果雏鹑往一起挤，羽毛湿，轻声鸣叫，排稀粪，说明温度偏低。鹌鹑张嘴呼吸，远离热源，频频饮水，说明温度偏高。

2. 湿度　正常的湿度有利于雏鹑卵黄囊的吸收利用、减少呼吸道疾病和霉菌病的发生。育雏第一周要有加湿的措施，如在育雏舍地面洒水、喷雾加湿、火炉上放置水盆等。以后要防止湿度过高，需要及时清理粪便，在承粪板和垫料上撒生石灰。加强通风，避免饮水器漏水，从而达到合理的湿度。育雏期正常湿度，见表5-2。

表5-2　鹌鹑育雏温、湿度要求

日　龄	温　度（℃）	空气相对湿度（%）
1～3	38～39	70
4～7	33～37	70
8～10	30～32	65
11～15	27～29	65
16～21	24～26	60

3. 光照　合理的光照时间和光照强度是雏鹑健康生长所必需的环境条件之一。1～3日龄要求24小时连续光照，让雏鹑能够很快熟悉生活环境，应尽早学会采食和饮水。4～15日龄为23小时光照，1小时黑暗，便于雏鹑自由采食，迅速生长。16～21日龄减少到每天12～14小时光照。舍内光照一般用白炽灯，灯泡数量及功率大小可以按10～30瓦/米^{2}计算。刚开始育雏用100瓦灯泡，5天以后，可以换到60瓦。特别注意，中国白羽鹌鹑对光照的特殊要求。中国白羽鹌鹑为红眼睛，视力差，所以光照得强一点，尤其是前5天，必须24小时光照，不能停电。停电以后它看不见东西，吃不到东西就会饿死，甚至大批饿死。所以，常停电的地方在进雏鹑前要备一台小型发电机。

图5-3　山墙安装风机

4. 通风　通风有利于舍内有害气体的排出，提供氧气。只要育雏舍温度能保证，空气越流通越好。育雏舍一般采用机械通风，通过风机抽出舍内污浊气体（图5-3）。注意进风口位置设置，安装挡风板，不能让冷风直接吹到鹌鹑。

5. 饲养密度　合理的饲养密度是保证鹌鹑正常采食、均匀生长所需的条件。密度过大时，部分鹌鹑找不到采食饮水的位置，影响生长发育，而且生长均匀度差；密度过小时，不利于鹌鹑的保温，占地面积大，效益下降。合理的饲养密度，见表5-3。

表5-3　鹌鹑的饲养密度　（只/米^2）

周　龄	1	2	3	4
夏季饲养量	150	100	80	60
冬季饲养量	200	120	100	80

（五）雏鹑的选择与运输

1. 雏鹑的挑选　选择健康的雏鹑是育雏成功的基础。初生雏中常出现有少量弱雏、畸形雏和残雏，应严格挑出淘汰，不能引入。对于种鹑来说要求标准更高，只能选择健壮的留种。健康雏鹑标准：外观活泼好动，无畸形和伤残，反应灵敏，叫声响亮。绒毛丰满有光泽，手握绒毛松软、丰满，挣扎有力，触摸腹部大小适中、柔软有弹性。卵黄吸收良好，腹部柔软，脐部愈合良好，脐孔上有绒毛覆盖。出壳体重大，蛋用型雏鹑 7 克以上，肉用型雏鹑 8 克以上，同一品种大小均匀一致。

2. 雏鹑的运输　运雏箱常用一次性瓦楞纸箱，也有用塑料网箱，消毒后可多次使用。运雏箱四周要留有通气孔，防止长途运输时闷死。运雏时在箱底应铺上皱纹纸，防止腿部打滑受伤。雏鹑的运输工具和方式要根据季节和路程远近而定。汽车运输时间安排比较自由，可直接送达目的地，中途不必倒车，是最方便的运输方式。火车、飞机也是常用的运输方式，适合于长距离运输和夏冬季运输，安全快速。押运人员应携带雏鹑检疫证、合格证和有关的行车手续，避免中途不必要的长时间停留，快速、安全到达目的地。运输过程中应注意防寒、防热、防闷、防压、防雨淋和防震荡。

（六）雏鹑的饲养

1. 雏鹑的饮水　出壳雏鹑应在 24 小时内饮到凉开水，补充体内所耗水分。雏鹑转运到育雏舍以后，先要休息 2 小时左右。然后进行饮水和喂料，应先饮水，再喂料。及时饮水有利于胎粪的排除。雏鹑饮水时要防止将羽毛弄湿。雏鹑体型小，腿部力量小，羽毛淋湿后易失去平衡摔倒而被其他雏鹑踩死或淹死在饮水器里。因此，要尽量使用小型饮水器，饮水器水深 2～3 毫米，最深处 7 毫米，不会将雏鹑淹死，也不会将其羽毛浸湿，可使其

图 5-4 饮水器的摆放

安全度过饮水关（图 5-4）。

雏鹑 1～3 日龄需饮用凉开水，也可在凉开水中加入 3% 葡萄糖或白糖，这样可以刺激饮水，有利于保持雏鹑的健康和活力。初次饮水，管理人员要注意观察，让每只鹌鹑都喝到水。对没有喝上水的鹌鹑，可以抓起来将喙放在饮水器内蘸一下，让其将水咽下即可学会饮水，保证每只雏鹑都在第一时间喝上水。15 日龄后，更换 1 升容量的真空饮水器，自由饮水。

2. 开食和饲喂 饮水后 2 小时，开始开食，将饲料撒在笼底铺好的白布上，用手指点布，诱导雏鹑学会采食。平面饲养可以用开食盘开食，火炕育雏直接将饲料撒在炕面。喂料 2 小时后要检查雏鹑嗉囊内是否有料，对于嗉囊内无料的要单独照顾直至其学会采食。10 日龄后逐渐过渡到以料槽喂料，15 日龄以后全部采用料槽。为了防止鹌鹑将饲料钩出槽外，在槽内饲料上铺一块铁丝网，网眼大小为 1 厘米²左右。

开食料用雏鹑全价配合饲料，不宜用单一饲料，以防止造成营养缺乏。鹌鹑开食后的饲喂要定时、定量，每天喂料 4～6 次，每次加料量不宜超过料槽高度的 2/3，最好是 1/3，每次喂料前料槽应空半小时，可以刺激食欲，防止饲料浪费。蛋用鹑每日每只平均采食量：3 日龄 3～4 克，5 日龄 5～7 克，7 日龄 9～11 克，11 日龄 13～15 克，15 日龄 16～18 克。

（七）雏鹑的管理

1. 育雏期管理要求 经常检查育雏舍内的温度、湿度及通风情况。经常检查雏鹑的采食和饮水情况，发现异常及时采取相应措施。定期抽样称重，及时调整饲养管理措施。定期统计饲料消耗及死淘情况。

2. 7日龄前的管理　7日龄前雏鹑个体小，羽毛稀薄，饲喂次数多，是最难管理的阶段。这段时间，育雏舍要十分安静，保持稳定的工作程序，饲养人员不能更换，动作要轻，要特别精心。鹌鹑的疾病较少，育雏期间因事故死亡比因病死亡多，如受凉相互踩死、被料槽或饮水器压死、掉入饮水器中淹死、垫草下压死、突然受惊吓压死。如果能避免这些事故，就可以大大提高雏鹑的育雏成活率。0～4日龄常表现出逃窜的野性，加料、喂水要当心，饲料与饮水保证供应，防止饲料被扒食撒失，防止饮水浸湿绒毛。勤于检查与调整室内温度、湿度、通风、光照。勤于观察雏鹑的动态和排粪情况，检查并调整好密度，防止啄癖发生。做好防鼠害、兽害和防煤气中毒工作。定期称量体重与检查羽毛生长情况。做好各项记录和统计报表。

3. 7日龄后的管理　7日龄后雏鹑发育加快，骨骼生长迅速。5日龄开始第一次换羽，先长翼羽、尾羽，后长腹羽、头羽，15日龄全部换成初羽。要注意料槽、料桶的均匀放置，数量充足，保证雏鹑吃饱、吃好。要注意每日采食、饮水、睡眠情况，发现异常及时采取措施。整个育雏期昼夜应有人值班，定期检查温度、湿度、通风与光照情况，并做好记录（表5-4），按时做好疫苗接种工作。

表5-4　育雏日记

日期	日龄	鹑群变化			饲料消耗		舍内温度			育雏区温度			湿度			备注	值班人员
		存栏	死亡	淘汰	总量	平均	早	中	晚	早	中	晚	早	中	晚		

4. 雏鹑的断喙 鹌鹑有啄羽、啄蛋、啄肛等恶癖。鹌鹑喙部构造特殊，上喙向下弯曲呈钩状，采食时比较挑食，常常用喙将饲料钩出料槽，造成浪费。雏鹑阶段断喙可有效避免上述现象的发生。多次断喙试验表明，雏鹑在 15～30 日龄断喙均可。断喙前后 2 天，应在饲料中添加维生素 K、维生素 C、多种维生素添加剂等，以减少应激发生。

鹌鹑断喙要用断喙器，断喙长度为上喙断掉 1/2、下喙断掉 1/3，烙干伤口不出血为止。断喙后 1～2 天料槽中不断料，以防止伤口碰到槽底出血。断喙时不要切掉太多，以免导致残雏无法挽救；如果断喙太少，可进行补断。

5. 粪便的清理 笼养时，每天上午将脏的承粪板从每层笼底取出，立即插入干净的承粪板。然后，将取出的脏承粪板集中清除粪便，冲洗干净，浸泡消毒后晾干备用。1 周龄以内，每天更换干净的垫布，取出的垫布清洗消毒。火炕育雏时，每天对炕面清扫 1 次，然后喷雾消毒。

6. 日常管理要点 育雏的日常工作要细致、耐心，加强卫生管理。经常观察雏鹑精神状态。按时投料、换水、清扫地面及清扫粪便，保持清洁。其日常管理包括以下几点：①要有专人24 小时值班，每天早、晚，要观察鹌鹑的动态，如精神状态是否良好，采食、饮水是否正常，发现问题，要找出原因，并立即采取措施。②承粪板 3 日清扫 1 次，饮水器每天清洗 1 次。③每天日落后开灯，掌握照明时间。④经常检查育雏箱内的温度、湿度、通风是否正常。临睡前，一定要检查 1 次温度是否适宜。⑤观察雏鹑粪便情况，正常粪便较干燥，呈螺旋状。粪便颜色、稀稠与饲料有关。喂鱼粉多时呈黄褐色，属正常。如发现粪便呈红色、白色就需检查。⑥及时淘汰生长发育不良的弱雏。⑦发现病雏，及时隔离；死雏，则及时剖检。

7. 提高白羽鹌鹑育雏期成活率的措施 白羽鹌鹑是一个产蛋性能非常优秀的鹌鹑品种，而且配套系可以自别雌雄。但白羽鹌鹑由于遗传原因，视力较其他有色羽鹌鹑和黄羽鹌鹑差，不容易找到饲料和饮水位置，出现渴死、饿死现象较多，饲养管理方面要做好以下几点，就能够提高成活率。

（1）**加强种鹑饲养管理**　提高种蛋质量并加强孵化过程中的管理，严格控制孵化条件，并在孵化过程后期适时晾蛋，以提高健雏率。另外，养鹑户进雏时应严加挑选，以减少弱雏的数量。

（2）**做好房舍预温**　进雏前3天，育雏舍要提前预温，使育雏舍温度达到39℃。如采用煤炉供温，应安装烟囱，以防煤气中毒。也可采用火道、火墙或暖风提温。

（3）**平网育雏**　白羽鹌鹑视力差，需要改多层立体育雏为单层平网育雏，网底距地面120厘米，密度为每平方米200只，分成4组，每组50只，以免密度太大造成挤压死亡。此外，育雏刚开始可在育雏笼内铺上粗棉布或麻袋布，不能用太光滑的纸或塑料布，以免雏鹑运动时因打滑而扭伤关节。

（4）**饲喂与饮水**　雏鹑一般出壳20小时开食，饮水在开食之前。所以，进雏后马上让其饮水。一般1～10日龄前饮凉开水，水温25℃左右。1～2日龄可自由饮0.1%高锰酸钾水，这主要是因为雏鹑喜红色，可增加雏鹑饮水量、防止脱水，还可起到杀灭饮水及部分肠道中细菌的作用，提高机体抗病力，增力健雏率。同时，要供给雏鹑易消化、营养全面的日粮。一般1日龄喂4次，2～5日龄喂8次，6～20日龄喂6次。另外，注意饲料不能太粗，1～10日龄以米粒大小为宜。撒料要厚薄适中，以0.5厘米为宜，太薄采食困难易吃不饱饿死，太厚又容易迷眼，造成瞎眼。7日龄后换用雏鹑料桶饲喂。

（5）**掌握好育雏期间的温度、湿度与通风**　育雏期的温度要求高而稳定，严禁忽高忽低。最适宜的温度：1～3日龄38℃～39℃，4～6日龄36℃～37℃，7～10日龄35℃，10～20日龄32℃～33℃，20日龄以后以30℃为宜。温度计的高度以底部与鹑背部相平，在育雏过程中，不能单看温度计所示温度的高低，还要看雏鹑的精神状态，雏鹑打堆、挤到一块，说明温度低；雏鹑趴成一片昏睡，说明温度高；有采食的，有休息的，分布均匀，说明温度合适。

为防止雏鹑脱水，1～5日龄育雏舍内相对湿度应保持在60%左右，以后逐渐降低，保持在50%～55%即可。如舍内湿度过高易引起病原微生物滋生，饲料霉变造成肠道病发生。湿度过低易引起雏鹑脱水和呼吸道病症，可通过地面洒水的方式来调节湿度。通风是保证雏鹑体质的重要条件之一，掌握在工作人员感到身体舒适即可。

（6）**合理的光照**　一般1～10日龄采用24小时光照；光照强度大一些便于雏鹑采食和饮水，以100瓦白炽灯为宜，特别是在5日龄前绝对不允许长时间停电。20日龄后可换用40瓦白炽灯，光照时间掌握在20小时。

（7）**保持清洁的育雏环境**　雏鹑所用一切用具，应经常清洁消毒，雏鹑按免疫程序预防接种。每天清理粪便，清洗饮水器。

（8）**做好转群**　20日龄后雏鹑便可从育雏笼转入成鹑笼。在转入前3天，可将成鹑笼用的料槽、水槽挂入育雏笼内提前适应，成鹑笼的温度要和育雏舍的温度相同。成鹑笼的料槽、水槽要相应低一些，以便雏鹑采食和饮水。上笼结束后可在饮水中加一些抗应激的药物如电解多维等来提高雏鹑的体质。

二、育成期鹌鹑的饲养管理

（一）育成期鹌鹑的生理特点

育成期鹌鹑又称仔鹑，是指21～35日龄（蛋用鹑）或40日龄（肉用种鹑）的青年鹌鹑。育成期鹌鹑饲养在专用仔鹑笼中，也可以提前转入种鹑笼中饲养。仔鹑阶段生长强度大，体重增加快，尤以骨骼、肌肉、消化系统与生殖系统发育最快。仔鹑饲养管理的主要任务是控制其标准体重和正常的性成熟期，同时要进行严格的选择及免疫工作。种用仔鹑均实行限制饲喂。公鹑性成熟早于母鹑 10～14 天，但体重低于母鹑，至 40 日龄左右便有求偶与交配行为，其标志还表现在泄殖腔腺已发达并分泌泡沫状物。种用仔鹑多在 5～6 周龄进行选种，编号登记后转入种鹑舍。

（二）饲养方式

采用单层或多层笼养（图 5-5）。每平方米笼底面积饲养蛋鹑 80 只左右，肉鹑 60 只左右，夏季酌减，冬季可以适当增加。

图 5-5　专用多层仔鹑笼

（三）转　群

鹌鹑由雏鹑舍转到青年舍或产蛋鹑舍称为转群。一般 21 日龄的蛋用鹌鹑可直接转入成年鹑笼饲养。新鹑舍则将笼具用甲醛、高锰酸钾熏蒸消毒 24～48 小时，用药量每立方米 40% 甲醛溶液 42 毫升，高锰酸钾 21 克。旧鹑舍先用清水冲洗干净，墙壁地面用 2% 火碱喷洒消毒，笼具最好用火焰消毒，可以彻底杀死寄生虫卵及病原微生物。装好笼具后最后再用甲醛、高锰酸钾密闭熏蒸 24 小时。

转群时应做好下列工作：转入鹑舍舍温和育雏舍相同，避免造成低温应激挤堆压死；转群前、后 1 周应在饲料或饮水中加入速补多维、电解多维等抗应激药品，同时也可适当应用抗菌药物（如预防肠道疾病），预防因转群应激引起鹑群发病；转入鹑舍应整夜开灯，以防止因应激造成堆堆；转群前 3 小时断料，前 2 小时断水，转入鹑舍应备好水、料，转群后 5 天内料槽中应尽量加满，料槽、饮水器挂得越低越好，便于采食，否则会大批饿死；转群后及时清理和消毒原鹑舍，空置 1～2 周，隔断病原传播，以备下次使用。

（四）公母分群

公母分群可以提高群体均匀度，避免早配和争斗。种鹑可以通过羽色进行雌雄鉴别。鹌鹑长到 21 天后，可以根据胸部羽毛颜色、斑纹来鉴定公母。公鹑胸部开始长出红褐色（砖红色）胸羽，其上偶有黑色斑点；母鹑在淡灰褐色胸羽上，密缀有大小不等的黑色斑点。

30 日龄的鹌鹑基本更换为成年羽，这时公、母差异更为明显。公鹑脸部、下颌、喉部开始出现赤褐色，胸部为淡红褐色，其上分布有少量小黑斑点，腹部淡黄色；母鹑脸部为黄白色，下颌与喉部为灰白色，胸部密缀有黑色斑点，其分布范围似心形，整齐美观，腹部淡白色。

成年公鹑肛门上方、尾巴下方有突出的囊腺（泄殖腔腺），排出的粪便上有白色的囊腺分泌物，呈泡沫状；母鹑无此结构。成年公鹑体型小，昂首挺胸，鸣叫声高亢洪亮。公鹑一般是三段连续的洪亮声音，第一段鸣声中等长短，接着是短促的，最后是拉长的叫声。啼鸣时往往挺胸直立，昂首引颈，前胸鼓起。母鹌鹑鸣声尖细低回，如蟋蟀声，一般表现为两段短促的声音。

（五）脱温管理

随着鹌鹑体温调节能力的完善，在气温允许的条件下要逐步离温。天气突然变冷时继续加温。舍内应注意保持空气新鲜，但要避免穿堂风，地面要保持干燥。适宜的湿度为 55%～60%。初期温度保持在 23℃～27℃，中期和后期温度可保持在 20℃～22℃。

（六）育成期鹌鹑的饲养

1. 饲喂与饮水　仔鹑阶段采用自由采食，每天加料 2～4 次，根据体重发育情况适当进行限饲，更换仔鹑专用饲料，适当降低饲料中的蛋白质水平，控制喂料量，避免采食过量引起过肥、早产蛋。采用杯式自流饮水器饮水，保证饮水的清洁卫生。更换饲料时，要有 5～7 天的过渡期，以免发生应激反应。

2. 限制饲喂　控制喂料量和体重。一般从 28 日龄开始控料，降低营养浓度。这不仅可以降低成本，防止性成熟过早，提高产蛋期产蛋数量、质量及种蛋合格率。限制饲喂方法：控制日粮中蛋白质含量为 20%；控制喂料量，仅喂自由采食量的 80%。通过限制饲喂，蛋用型品种 40 日龄体重母鹑 130 克左右，公鹑 120 克左右；肉用型品种 40 日龄母鹑体重 300 克左右，公鹑 240 克左右。不同品种开产体重略有差异。

（七）育成期光照控制

仔鹑的饲养期间需适当减光，不需育雏期那么长的光照时间，只需保持每天 10～12 小时的自然光照即可，最多不能超过 14 小时。鹌鹑 25 日龄后，鹑舍更换小瓦数灯泡，降低为 40 瓦即可。在自然光照时间较长的季节，需要用窗帘把窗户遮上，继续使光线保持在规定时间内。通过光照与饲料的控制，使鹌鹑群体的开产期控制在 45 日龄以后，防止开产过早而影响全期产蛋量。在布置灯泡时，注意下层笼也要达到一定的光照强度，一高一低交替布置灯泡可以保证下层笼正常采食与饮水对光照的需要（图 5-6）。

图 5-6　照明灯泡的布置

三、产蛋期鹌鹑的饲养管理

育成母鹑至 35 日龄、约有 2% 已开产时应予转群，转入产蛋笼提前适应产蛋笼生活。种鹑自然交配也在笼中进行，可以达到较高的受精率。种鹑及商品产蛋鹑的饲养管理原则基本相似。而蛋用型与肉用型种鹑的饲养管理则有各自特点。转群最好在夜间进行，及时供应饮水和种鹑饲料，保持安静。在转群的同时，按种鹑要求再进行一次严格选择。

（一）鹌鹑产蛋期的生理特点

1. 产蛋率、体重均增加　开产以后的鹌鹑标志着已经性成熟，但体重还在继续增长，直到开产后 7～14 天增重减慢。因此，鹌鹑开产到产蛋高峰期间饲料供给要充足，管理要精细，保证产蛋率的稳定上升。

2. 对环境变化反应敏感　性成熟标志着鹌鹑进入了一个新的生活阶段。初产鹌鹑精神兴奋，消化系统、生殖系统和神经系统之间协调性差，对环境变化反应敏感，容易引起难产、脱肛和啄癖等不良症状。因此，保持舍内安静、环境条件稳定是产蛋期管理的重点之一。产蛋鹌鹑对温度反应非常敏感，舍温不可过低，当低于 15℃ 或阴天、雨天、风天时都有聚堆现象出现。鹌鹑怕风，特别怕贼风。舍温也不可过高，舍温 28℃～32℃ 时鹌鹑表现不好动，多喜卧。从试验中测试舍内温度保持在 20℃～22℃ 时最为适宜，其表现较活跃，在笼中分布均匀，没有挤堆现象，在卧着时表现很舒适，其姿势以侧卧为主，眼睛常闭着，一侧腿伸直。

3. 新陈代谢旺盛　鹌鹑开产后，耗料量大，对饲料质量要求高，需要喂给高能量、高蛋白的日粮。特别是对饲料中钙的需求量增加，满足蛋壳形成的需要。如果饲料中钙含量不足，或者维生素 D_3 缺乏，产蛋量会下降，软壳蛋和破壳蛋增多。

4. 对光照反应敏感　产蛋期的鹌鹑对光照时间变化反应非常敏感，缩短光照时间会引起产蛋量的下降，一定要按时开灯补光，达到每天 16 小时恒定光照。35 日龄后更换为 25 瓦灯泡即可。研究发现，全日制 24 小时光照不会缩短鹌鹑的利用期，但饲料转化率降低、采食量增加。

（二）蛋鹑生产性能指标

1. 开产日龄　蛋用鹌鹑开产日龄的计算方法有两种：个体开产日龄以产第一个蛋的平均日龄作为开产日龄，群体则按日产蛋率达 50% 的日龄作为开产日龄，生产中常用后者来估算开产日龄。蛋鹑群体开产日龄一般控制在 40～45 日龄。不同品系的鹌鹑开产日龄有一定差异，同一品系因营养、光照等条件也有所不同，朝鲜鹌鹑开产较早，黄羽鹌鹑稍晚。

2. 开产蛋重和平均蛋重　鹌鹑品系平均蛋重的测定与计算目前主要参照《国家家禽生产性能的测定方法》和全国家禽育种委员会制定的《家禽生产性能技术指标及计算方法》，关于平均蛋重的测定有两种：一是个体平均蛋重，从 10 周龄开始连续称取 3 个蛋的重量求平均值；二是群体平均蛋重，从 10 周龄开始连续称取 3 天总产蛋重除以总产蛋数。鹌鹑开产 2～3 周后蛋重变化尚不稳定，测定的蛋重作为一个品种或品系的平均蛋重尚不具有代表性。鹌鹑开产 5 周后蛋重变化较大，研究发现鹌鹑开产第 10 周时对每只鹌鹑连续产下的 3 枚蛋称重，发现利用这一期间的蛋重来说明一个品种或品系的蛋重代表性较好。

蛋重对鹌鹑的孵化率影响较大，了解鹌鹑蛋增重规律，对种蛋的选择具有指导意义。金良等（2007）研究认为，禽类蛋重与初生雏鹑体重之间呈正相关，蛋重越大，初生雏鹑体重越大。华时尚（2005）报道，91～120 日龄（产蛋第 6～10 周）朝鲜鹌鹑和黄羽鹌鹑蛋重分别为 10.89 克和 11 克。易华锋等（2008）报道，朝鲜鹌鹑 120 日龄（约产蛋 10 周龄）的平均蛋重为 10.55 克。

3. 蛋形指数　蛋形指数是种蛋选择时需要考虑的一个重要指标，但实际挑选种蛋时并不进行蛋形指数的测定，主要靠经验来判断，过长、过圆、过大和过小的蛋一般作为畸形蛋淘汰。蛋形指数的计算方法有两种，一是蛋宽与蛋长之比，二是蛋长与蛋宽之比，在家禽生产和研究中都有使用。选择种蛋时蛋形指数多大为好，不同报道差别很大。何京（2005）、林其騄（2006）认为，选择鹌鹑种蛋蛋形指数应平均在 1.4（折合蛋宽 / 蛋长则为 0.714）左右。陈生梅（2007）则把蛋形指数为 0.89～0.93 的蛋归为正常蛋形。易华锋等（2008）报道，黄羽鹌鹑蛋形指数为 1.3，北京白羽鹌鹑为 1.28，朝鲜鹌鹑为 1.26（折合蛋宽 / 蛋长则分别为 0.769、0.781 和 0.794）。

4. 产蛋量　鹌鹑产蛋量一般以群体来计算，是指一定时期内，在规定产蛋期内的产蛋数，如 300 日龄产蛋量、500 日龄产蛋量。高产品种 300 日龄产蛋量 220～230 枚，500 日龄产蛋量 360～380 枚。

5. 产蛋率　一般以群体产蛋率来计算，是指 1 天或某一时期内每天的产蛋数占全群母鹌鹑总数的百分率。鹌鹑最高产蛋率可以达到 95% 以上，产蛋期平均产蛋率 80% 以上。

6. 料蛋比　指统计期内产蛋耗料总重量与统计期内产蛋总重量的比值。蛋用鹌鹑产蛋期料蛋比一般为（2.6～2.7）∶1，高水平的能够达到 2.5∶1。

7. 产蛋期成活率　指产蛋期末存活鹑数与入产蛋舍鹑数的百分比。健康的鹌鹑群产蛋期成活率能够达到 93% 以上。

8. 淘汰体重　指蛋鹑（种母鹑）产蛋期结束淘汰上市时的平均体重。蛋用鹌鹑的淘汰体重要求在 150 克以上，过瘦的淘汰鹌鹑利用价值低，可以短期育肥后出栏。

（三）产蛋期饲养方式

产蛋鹑和种鹑采用密集型立体笼养。鹌鹑个体小，笼养可以充分利用房舍空间，提高单位面积的饲养数量。鹌鹑笼有重叠式和阶梯式两种，重叠式对房舍的利用效率更高。重叠式产蛋笼的层次一般为6层，方便手工喂料、加水、捡蛋、清粪。机械化饲养为6层阶梯笼，自动喂料、饮水、集蛋、清粪等。阶梯式产蛋笼每层净高15～21厘米，炎热地区适当增加高度。为了便于交配，种鹌笼要适当增加高度。笼子的进深一般在30～35厘米，便于采食、饮水。笼长90～100厘米，便于摆放。饲养密度，商品蛋鹌80～100只/米^2，蛋种鹌60只/米^2，肉种鹌48只/米^2。

（四）产蛋鹌舍准备

1. 鹌舍冲洗 上一批产蛋鹌鹑淘汰后，要求对鹌舍进行彻底的冲洗，以利于后期消毒工作的开展。冲洗要求由上到下，从里往外、由工作间一端到脏道后门一端的顺序进行冲洗。在冲洗前应彻底清扫鹌舍，把舍内粪便、羽毛、灰尘等一切杂物及舍外废弃物全面清扫干净，并装袋运出场外。对羽毛较多的地方（边网、窗网、鹌舍周边草地等）用火焰喷灯灼烧，然后再清扫。为保证工作质量和进度，由熟练工人先示范冲洗，等员工操作熟练后再监督检查。第一次冲洗结束后，将破的水泥地面、裂开的墙缝、排风扇四周裂缝、进风口四周裂缝等用水泥修补。等水泥凝固后再进行第二次冲洗。

氢氧化钠喷洒消毒后要对鹌舍进行第二次冲洗。结束后，为防止鹌舍受到污染，立即封堵下水道出水口、门窗、防止老鼠进入。鹌舍门口摆放消毒盆，出入人员脚踏消毒盆，进入舍内物品必须严格消毒。监督检查人员对冲洗效果进行检查评判，不合格的要重新冲洗。

2. 鹌舍及设备消毒 第一次冲洗后的鹌舍干燥后，用3%氢氧化钠溶液喷洒鹌舍地面、墙壁（1米以下高度的墙面）、鹌舍外水泥地面和排水沟，作用12小时以上。氢氧化钠具有很强的腐蚀性，溶解过程中属于发热过程。所以操作时不能用手直接接触，不能溅到脸上、身上、眼中。第二次冲洗应在鹑舍干燥后进行，用碘制剂或过氧乙酸喷洒地面、墙壁和所有设备，封闭鹑舍 2 天。最后用高锰酸钾和甲醛熏蒸消毒。每立方米舍内空间用 40% 甲醛溶液 42 毫升、高锰酸钾 21 克，加入和甲醛等量的水，反应充分。反应器皿要比加入的药量大出 8～10 倍，以免沸腾溢出。反应器皿放置要远离垫料等易燃物，小心防火。检查房舍不漏气，先加高锰酸钾和水、后加甲醛，加入后人员要迅速撤离。将消毒环境的温度控制在 20℃～25℃，空气相对湿度控制在 65% 以上，密闭 48 小时以上。

3. 附属设施的清洗　凡在场区内的所有附属设施，如洗衣房、饲养室、厕所、种蛋库、饲料库、垫料库、锅炉房、自行车棚、进场物品熏料间、熏蒸箱等，都要彻底冲洗干净；同时，还应将各个地方的地漏、沉淀池等清理干净并消毒处理。

（五）产蛋期的饲喂

1. 饲料更换　鹌鹑开产前 1 周更换为成鹑产蛋期饲料，为产蛋提前储备能量和钙质。更换饲料还要根据鹑群的平均体重和均匀度而定，不能只看日龄。如果鹑群已达到开产日龄，均匀度好，但平均体重偏小，应推迟更换饲料。如果鹑群已达到开产日龄和开产体重，但均匀度差，应该分群饲养：将体重符合开产体重的个体放在一起，正常换料；将体重低于开产体重的个体放在一起，推迟换料时间。这样，可以保证鹌鹑蛋量的高产。具体做法：35 日龄后将饲料更换为产蛋期饲料。当产蛋率上升到 50% 时，饲料更换为产蛋高峰期饲料。产蛋后期仍然要用高峰期饲料，一直到淘汰。要保持饲料与饮水的正常供应，并据产蛋率、气温调整饲粮。防止子宫外翻，注意控制体重与肥度。

生产中，要保持饲料的相对稳定，饲料原料多样化，营养互补；更换饲料要有过渡期，突然更换饲料，易引起鹌鹑的应激反应，有时甚至会造成死亡。选择全价饲料时，不能只看重饲料价格而忽视质量，忽视了鹌鹑的采食量和料蛋比。降低饲料成本的途径应当是减少饲料浪费，鹌鹑蛋的单位饲料成本才是衡量饲料价值的有效标准。

2. 加料、加水　每天早上进入鹑舍首先开灯，打开风机，然后在30分内加料。加料完毕洗涤水杯。中午上班后要检察鹑群的吃料和饮水状况，检查采食量和饮水量与往常相比有无异常。吃完料的地方及时补料。料多的地方向料少的地方均料。如果饲料全部采食干净，停料20～30分钟加下一次料，加料的同时检查饮水器。产蛋期自由采食，每天加料2～3次，每次加料不能过多，不能超过料槽的1/3。更换产蛋期饲料要有3～5天的过渡期，不能突然一次换料。杯式自流饮水器供水，检查供水情况，供水不能中断，经常清洗水杯。

注意，有些养鹑户添加饲料次数过勤，造成营养摄入不均衡。原因是饲料粉末中含有较多的氨基酸、维生素和微量元素等营养物质，而鹌鹑有喜食大颗粒饲料的习性，如果添料过勤，则鹌鹑采食不均而营养失衡，影响鹌鹑的生长发育和生产。

3. 初产期体重达标　初产期体重不达标原因：育雏期因担心浪费而喂料量太少；盲目增加饲养密度，致使每只鹌鹑的料位和水位不足。养鹌鹑生产中，要求雏鹌鹑5周龄必须达到相应的体重标准，并且发育均匀整齐。初产期既要产蛋，又要增重，因此在饲料营养的供给上必须满足初产鹌鹑的基础代谢、体重增长和产蛋几个方面的需求，要求产蛋率90%时达到155克以上的体重。

（六）环境条件控制

鹌鹑个体较小，抗应激能力较弱，喜欢温暖干燥的环境，对环境变化敏感。舍内温度、湿度、通风、光照很容易影响其产蛋性能。

1. 温度　鹌鹑与鸡相比，体型小，但体表相对散热面积大，耐高温、怕寒冷。但温度过高也会引起产蛋率的下降，种蛋受精率下降。产蛋鹌鹑舍最佳温度为 22℃～25℃，允许范围为 17℃～30℃，可以保持高产。当气温超过 30℃时，要加大通风量，喷洒凉水，增加气流流动速度以增加鹌鹑对饲料的摄入量，增加蛋重，降低死亡率。樱井齐研究了日本鹌鹑不同月龄和环境温度对饮水、产蛋、采食等的影响，结果表明，产蛋期鹌鹑舍内温度在25.2℃和30.5℃时产蛋率高于20.7℃。鲍方印等研究表明，朝鲜鹌鹑在 21℃～29℃时产蛋率差异不大，温度降低产蛋率下降，30℃以上时加强通风可提高产蛋率。刘盛南研究舍内不同笼层温度差异及各笼层鹌鹑的产蛋率，研究舍内不同笼层小环境的温度差异对产蛋性能的影响，结果表明各笼层间的产蛋率有较大差异，最上层（第一层）产蛋率为 84.15%，显著高于第 3～5层，第五层产蛋率最低，只有 73.87%，显著低于第一、第二层。各层平均蛋重差异不显著。

2. 湿度 产蛋鹌鹑对湿度的适应性较强，空气相对湿度可保持 50%～70%。北方鹑舍湿度不够可以通过带鹑消毒来增加舍内湿度，南方梅雨季节可以加大通风量，及时清理粪便来有效降低舍内湿度。

3. 通风 冬季应在保证舍温的前提下进行适度通风。生产中有许多养鹑户冬季为了保温，全部封闭窗口，造成鹑舍中二氧化碳和氨的严重超标，不仅产蛋率降低，也极易造成传染病流行。在舍温低的情况下可生炉火来提高舍温，然后再进行通风。通风最好选择晴朗无风的中午进行。生产中发现雾霾天会使鹌鹑产蛋率下降 15%～20%，可见空气质量对鹌鹑产蛋有显著影响。

4. 光照 产蛋期的光照强度为 10～15 勒（3～6 瓦 / 米^2），用普通灯泡、日光灯、节能灯等均可。从 35 日龄延长光照时间。光照时间在原来自然光照的基础上，每周增加 1 小时，直至增加到 16 小时，稳定不变（表 5–5）。产蛋期光照时间应相对稳定，光照时间的减少或突然断电都会引起产蛋率下降。每天早晨 5 时开灯，自然光（阳光）达到光照要求时关灯。下午舍内光线变弱时开灯，到晚上 9 时关灯。现代蛋鹑生产中产蛋期光照制度也有采用白天自然光照，晚上留一点弱光，保证采食、饮水需求。人工补充光照强度为 20 勒，每 10 米² 地面用 1 盏 25 瓦的白炽灯，离地高度 1.7 米。

补充光照的时间不要全部集中在晚上，因鹌鹑一般在光照开始后 8～10 小时产蛋，若集中在晚上补充光照，产蛋时间推到晚上，破坏了鹌鹑集中产蛋在下午的产蛋规律，会造成生殖系统的紊乱。注意鹑舍中灯光要分散，笼架上、下层光照要均匀。

产蛋鹌鹑喜欢柔和的光线，以 40 瓦白炽灯为宜。过强的灯光或过强的自然光会使鹌鹑严重脱毛、早衰及降低蛋重。突然将光照时间降至每天 8 小时，鹌鹑也会脱毛、产蛋率会降低 50%以上。24 小时光照对提高产蛋率没有任何意义，反而会增加饲料的消耗量。

表 5-5 种鹑产蛋期光照要求

日 龄	光照时间（小时）
36～40	13
41～45	14
46～50	15
51～60	15.5
61 至淘汰	16～17

5. 保持安静 鹌鹑胆子小怕惊吓，所以要求安静的饲养场所。鹌鹑对噪声的承受能力比鸡大得多，一般机动车的噪声不会引起鹌鹑惊群，但特别大的、清脆的声音（如爆竹声）易使鹌鹑惊群甚至撞笼而死，从而造成产蛋率下降。产蛋鹑舍应尽量减少外界干扰，尤其是下午产蛋时，饲养员要减少在笼边的活动时间，避免发生应激而影响产蛋率。清扫、捡蛋等操作要等到下午5 时半以后再做。

（七）日常管理

1. 收蛋　鹌鹑产蛋集中在中午 12 时到晚上 8 时，其中下午 3～4 时最为集中。产蛋期间的鹌鹑停止采食，容易受到应激影响。下午饲养人员要尽量减少进出鹑舍次数，因此可以在每天清晨收集商品鹑蛋，冬、春季节也可以 2～3 天收蛋 1 次。收集后的鹑蛋装筐后贮存在空气新鲜、流通和蚊蝇、老鼠无法侵入的贮蛋间内。饲养量较大的地方可设立专门蛋库，保持温度 10℃～25℃，空气相对湿度在 70% 左右，蛋库要密封、清洁、整齐。

2. 观察鹑群　清晨要观察鹌鹑的采食和饮水行为，如果鹌鹑争先恐后采食，说明鹑群健康。早晨还要观察粪便形态，健康鹑粪便成形，颜色正常，公鹑粪便上有白色泡沫。如果粪便稀、黄绿色说明鹑群有病，应请兽医进一步诊断。

饲养员要在夜间关灯后 20～30 分钟进入鹑舍，仔细听鹌鹑呼吸是否正常。发现异常声音，说明有病鹑。挑出病鹑诊断观察，确定是传染病还是普通病，及时采取相应措施。如果是传染病，立即确诊和治疗；如果是普通病，应淘汰病鹑。

3. 淘汰低产鹑　70 日龄时，要尽早淘汰还没有开产的鹌鹑，这些一般都是低产鹌鹑。未开产鹌鹑表现：羽毛丰满有光泽，体重大，腹部容积小，胸骨末端到耻骨间隙小、肛门圆、紧闭、干燥，耻骨间隙小。商品鹌鹑舍如发现有公鹑叫声，属于雌雄鉴别错误的公鹑，应及时找到并淘汰，防止造成不必要的饲料消耗。

做好产蛋后期的淘汰。到 300～350 日龄，鹌鹑经过 8～10 个月的产蛋后，群体产蛋率逐渐下降，这时要识别、淘汰已停产或低产的鹌鹑，降低饲养的成本，提高产蛋率。停产或低产鹌鹑表现：眼睛无神，反应不灵敏，羽毛残缺不全，肛门圆、紧闭、干燥，腹部容积小、无弹性，胸骨末端到耻骨间距小于两指宽（3.5 厘米），耻骨间隙小于一指宽（1.8 厘米），耻骨末端变硬。

4. 防止蛋鹌鹑脱肛 产蛋鹌鹑在产蛋初期2周内，如产蛋过大、过多，或体躯过肥、过瘦，或因某种外界刺激，均会诱发脱肛症，因而会被其他鹌鹑啄食而死，造成母鹌鹑总数减少，影响总产蛋量。为此，在蛋鹌鹑产蛋初期宜喂些低蛋白质的饲粮，防止或减少外界应激；发现脱肛鹌鹑应及时取出，以防诱发啄癖。对无治疗价值的病鹌鹑，应予淘汰。

5. 粪便清理 蛋鹑舍和种鹑舍的清粪方式有两种：一种是重叠式鹌鹑笼应该每周抽出粪盘2次清粪，这样粪便不至于沉积过多而清理困难，也有利于鹑舍内空气新鲜。另一种方式是阶梯式鹌鹑笼养方式，这样的鹑舍可以15天清理1次，也可以每天用刮粪板机械清粪的方法清理1次。清粪是保持鹑舍内空气清新的一种有效的控制办法，如果能很好地配合通风，那么可以给鹌鹑创造一个适宜的生活环境。清理粪便的同时还可以观察鹑粪的状态、颜色，以便了解鹌鹑群体是否健康，有无疾病的发生，便于及时采取预防和保健措施。

6. 生产记录的填写 生产记录表是管理鹑群、鹑场的基本数据，应实事求是地填写（表5-6）。填写当天工作内容，记录当日存栏数、死亡数、产蛋量、喂料量、温度等，统计存活率、死亡率、产蛋率等。

表5-6 鹌鹑产蛋期日报表

日期	日龄	鹑群变化			产蛋情况				饲料消耗			温度	湿度	备注	值班人员
		存栏	死亡	淘汰	产蛋数	产蛋率	产蛋重	合格蛋数	总耗料	只平均	料蛋比				

7. 强制换羽 如利用第二个产蛋周期，需实行人工强制换

羽。一般自然换羽时间长，换羽慢，产蛋少且不集中。强制换羽实施方法：停料4～7天、黑暗，迫使产蛋鹑迅速停产，接着脱落羽毛，然后逐步加料使之迅速恢复产蛋。从停饲到恢复开产仅需20天。饮水不可中断。必须淘汰病、弱个体。

（八）影响鹌鹑产蛋率的因素

1. 品种 品种是遗传因素，遗传基础不同的品种，产蛋量差异明显。例如，蛋用型品种的产蛋量明显高于肉用型品种，家鹑产蛋量明显高于野鹑。目前，我国饲养产蛋性能较高的蛋用品种有朝鲜鹌鹑、中国黄羽鹌鹑、中国白羽鹌鹑等品种，引种时一定要到正规场家。

2. 年龄 蛋鹌鹑一般35～40日龄开始产蛋，45日龄产蛋率可达50%，65～70日龄便可达产蛋高峰，且产蛋持久性很强，12月龄前，产蛋率可一直保持在80%以上。12月龄后，鹌鹑产蛋率虽然也可保持在80%左右，但死淘率和料蛋比不断增加，蛋壳硬度差，鹌鹑蛋破损率高，严重影响饲养期间的经济效益。所以一般蛋鹌鹑饲养期不超过12个月。

3. 饲料 合理的饲料是鹌鹑高产稳产的物质基础。对于鹌鹑来说，产蛋率高、蛋的营养价值高，必然对饲料的营养水平要求也高。饲料中蛋白质含量过低，氨基酸不平衡，能量水平不足，维生素缺乏，饲料原料品质差（发霉变质，生虫）等均会造成产蛋量下降或无产蛋高峰。每千克饲料中的代谢能要达到11.7兆焦，粗蛋白质20%～22%，不仅要采用好的饲料配方，还要特别注意各种原料的质量。同一饲料配方不同质量原料的鹌鹑饲料可使鹌鹑产蛋率的差距在10%～40%。值得注意的是饲料中蛋白质的含量并不是越高越好，当饲料中蛋白质含量达到28%时，饲喂1周后，蛋鹑便会发生痛风病，从而造成停产。另外，饲料搅拌不匀，也常会引起食盐或微量元素中毒，引起产蛋率下降。

另外，过于限制鹌鹑的采食量或突然更换饲料都会对鹌鹑产蛋率产生很大影响，一般高峰期一只鹌鹑的日粮总量是 25～28 克（因季节不同略有不同）。要在不定量的饲喂过程当中掌握鹌鹑的准确采食量后，再定量饲喂。切勿随意定量饲喂。

4. 饮水　饲料中多种营养物质的溶解与吸收都离不开水。鹌鹑的饮水量一般是采食量的 2 倍，每天需要 50～55 毫升。蛋鹌鹑停水 24 小时（夏季会引起中暑），产蛋率可下降 40%，正常供水 2 周才能恢复正常。若停水 40 小时，鹌鹑便会停产，甚至渴死，正常供水 1 个月产蛋率才能恢复。鹌鹑的饮水必须清洁、卫生、无污染，并且 24 小时保持充足的饮水。使用自动饮水器的鹌鹑舍必须经常检查饮水器是否堵塞。

5. 育雏期均匀度　均匀度好的鹑群，进入产蛋期后产蛋率上升快，很短的时间就达到 80% 以上，产蛋高峰期峰值高，产蛋高峰期持续时间长，全年产蛋率高。如果均匀度差，鹌鹑进入产蛋期后，体重大的个体产蛋量高，体重适中的产蛋量低，体重小的尚未开产，因此群体产蛋率低。均匀度差的鹑群产蛋高峰不明显，没有突出的峰值，产蛋高峰期持续时间较短。

6. 开产体重　开产体重过小，开产日龄推迟，全年产蛋量低；开产体重过大，开产日龄早，但全年产蛋率低，饲料报酬低。因此，控制适宜的开产体重是产蛋鹑和种鹑取得较高经济效益的基础。

7. 换羽停产　换羽分为年龄性换羽、季节性换羽和异常换羽。年龄性换羽是鹌鹑出壳后随着日龄的增加，羽毛由出壳时的绒毛逐渐更换成成年羽，这种换羽不影响产蛋量。季节性换羽是鹌鹑在秋、冬季因温度、光照和营养等因素引起的换羽，这种换羽影响产蛋量。现代养鹑生产中采用人工创造的小气候环境，可以预防这种现象的发生。异常换羽是因为饲养管理不善引起的不正常换羽，这种换羽影响产蛋量。引起异常换羽的因素有断料、断水、断电和饲料中缺乏维生素、蛋白质和含硫氨基酸。

8. 药物　在用药方面要禁止使用对产蛋下降的药物，这些药物包括磺胺类药物、呋喃类药物、四环素类、抗球虫药等。

9. 疫苗接种　防疫时严格按照正常的免疫程序对蛋鹑进行免疫，可有效防止蛋鹑发病和死亡，其目的是争取不用药或少用药。在产蛋期则更要慎用疫苗，主要指新城疫、传染性支气管炎等，产蛋鹑除发生疫情紧急接种外，一般不宜接种这些疫苗，以防应激等因素引起产蛋量下降和产软壳蛋。

10. 环境应激影响　鹌鹑适宜产蛋温度为 20℃～25℃，一般最上层笼在 30℃左右，最下层 23℃～25℃，饲料转化率适宜。温度过高，大群张嘴呼吸，饮水超标，粪便稀，影响环境空气质量。15℃以下鹌鹑产蛋率下降很快，温度过低，大群精神兴奋或挤堆，易造成死亡或疯狂采食，饲料转化率下降。因此要做好鹑舍的保温设计，尤其是屋顶的保温，鹑舍 80% 的热量是从屋顶散失的。房间顶棚上拉塑料布，可以保证温度不能低于 20℃。鹑舍光线不必太强，能看到吃料即可，7 瓦节能灯（黄色的），每两个相对的笼子前面挂 1 个，阴天注意开灯。

鹌鹑喜欢干燥的环境，注意鹑舍通风，但鹌鹑的产蛋率与风的强弱关系很大。开放式鹑舍，突然而至的 5～6 级风，可使产蛋率下降 10%～20%。春、秋季节，天气骤变，突然降温，可使鹌鹑产蛋率下降 10% 以上。夏、秋季长时间的阴雨天气，可造成光照不足，温差变化大，使鹌鹑抗病力下降，也可引起大肠杆菌病暴发，从而影响产蛋率。

老鼠是鹌鹑养殖中的天敌，它们不仅偷吃饲料、传播疾病，还偷吃鹑蛋、咬死鹌鹑。1 只成年老鼠 1 夜可咬死成鹑 10 余只，拖走鹑蛋十几枚甚至上百枚。1 只老鼠对鹑场造成的损失 1 年可达 100 元以上。

产蛋母鹌鹑对各种应激极其敏感，而且反应强烈，会直接影响一个阶段的产蛋率和蛋的破损率，甚至会因为受惊而造成休克，乃至伤亡。因此，要求保持鹌鹑舍环境绝对安静，尽量不在产蛋期间进行搬迁，饲养人员衣着颜色要固定。

（九）夏季保持鹌鹑高产的措施

1. 做好降温工作　绿化降温：在鹑舍朝阳面搭设凉棚，种植藤本植物遮阴。喷水降温：中午向舍内喷 2 次水，可使气温降低 5℃。密闭鹑舍安装湿帘；饮冷水：冷水能刺激鹌鹑的采食欲。通风降温：鹑舍要打开门窗，安置排风扇、换气扇等设备，加强通风。

2. 使用高浓度日粮　鹌鹑日粮中的粗蛋白质要不低于 22%。为保证其采食量，应在每天早上和傍晚气温凉爽、鹑群活跃时喂食，同时在其饮水中加入 0.2% 的氯化钾更好。

3. 补充维生素及药物　喂维生素 C：维生素 C 能提高产蛋率、受精率，而且能参与蛋壳中钙的形成，因此维生素 C 在饲料中的含量应达到 0.03%。补喂维生素 D_3：每 50 千克饲料中补给 5 万～10 万国际单位维生素 D_3。喂碳酸氢钠：给每只蛋鹑每天喂碳酸氢钠 0.1 克，一次性投喂在中午的饲料中，可使其产蛋率提高 11% 以上。添喂柠檬酸：在蛋鹑每天的饲料中添喂 0.05%～0.15% 的柠檬酸，可使其产蛋率显著提高，又可增加蛋重。喂酵母：在蛋鹑每天的饲料中添加 2%～3% 的酵母，可使其产蛋率提高 10%～20%，同时又能降低饲料成本。

4. 科学补钙　傍晚产蛋后可单独给蛋鹑提供可溶性粉粒如石粉粒、牡蛎粒等，以使补充的钙能在蛋壳形成过程中被直接利用，进而改善蛋壳质量。一般补充含钙粉粒量为日粮的 1%～1.5%。

5. 早、晚补充光照　夏季是鹌鹑的产蛋高峰期，对光照很敏感，蛋鹑的日光照时间延长为 18 小时，可选在早晨 4 时开灯、晚上 10 时关灯，光照强度以满足蛋鹑看见采食为宜。

6. 减少应激　鹌鹑胆小，受惊后产蛋率会下降或产软壳蛋。在日常饲喂、捡蛋、清粪、加水时动作要轻，不要轻易更换饲养人员。防止饲料突变，要有固定工作程序，严禁动作粗暴，避免噪声干扰，杜绝外来人员参观。

（十）冬季蛋鹑稳产措施

入冬以后，气温渐低，日照渐短，大部分鹌鹑产蛋量下降，甚至停产。要使鹌鹑冬季持续平稳产蛋，饲养上必须采取以下措施。

1. 保温增温　鹌鹑喜暖怕冷，鹌鹑产蛋期的适宜温度为20℃～25℃，能够保持食欲旺盛，产蛋多，种蛋受精率也高；低于15℃产蛋率明显下降，因此冬季保持适宜的环境温度是提高鹌鹑产蛋率的一个重要环节。在入冬前就要做好防寒准备，修缮门窗和屋顶，防止贼风入舍。有条件的养鹑户，也可购置暖风炉或小电炉（500～800瓦）加热，一般夜间开动数小时即可。在严冬或早春应采取保温增温措施，夜间关闭门窗，北侧窗户加装棉窗帘。适当加大笼养密度，每平方米可饲养80～100只。采用立体多层饲养。冬季笼底与笼顶温度相差5℃～7℃时，可将底部成年鹑移至上部各层；或添加部分笼具解决。

2. 增加光照　产蛋鹌鹑每天需要16小时光照时间。冬天需人工补充光照。每30～40米²鹑舍配1只40瓦电灯，每天天亮前2小时开灯，天黑后2小时关灯，保持稳定的光照度和时间。应注意的问题是补充光照一定要使光照时间保持稳定，不能忽增忽减，更不能半途而废。此外，还应注意擦拭灯泡，以防灯泡变脏后光照强度减弱，应尽量做到光线均匀一致。

3. 增加饲喂次数，适当调整饲料配方　冬季气温较低，鹌鹑必须从饲料中采食足够的营养以抵御寒冷，才能保证自身正常的代谢活动，保持较高的产蛋性能。可以采取增加饲喂次数的方法来满足所需要的营养。进行干喂和湿喂均可，采用自由采食或定时定量的饲喂方式均可，只要营养成分全面、平衡就可以，但饮水不能中断，最好饮用温水。在冬季，鹌鹑的能量消耗增加，应适当调整日粮配方，增加能量饲料的比例，降低蛋白质饲料用量。建议在饲料中添加1%～1.5%的油脂，并增加维生素A、B

族维生素和维生素 D_3，以增强鹌鹑的耐寒能力和抗病力。

4. 饮水管理 冬季天气干燥，空气相对湿度偏低，因此应注意产蛋鹑对水分的需求，饮水器配置的数量应充足，自动饮水器随时检查是否出水。要保证水源清洁卫生，不断水。人工加水的饮水器注意每天换水。寒冷的冬季，适当饮用温水可以提高鹌鹑的御寒能力，提高产蛋率。

5. 减少应激 产蛋鹑对各种应激极其敏感，而且反应强烈，受惊后产蛋率下降和产软蛋，所以要求保持鹑舍环境绝对安静。日常加水、加料、捡蛋等工作时，动作要轻，避免使蛋鹑受到刺激；饲养人员衣着颜色固定，不要轻易更换饲养人员。外来人员不得进入舍内，防止猫、狗等动物骚扰，尽量减少或避免各种应激因素的影响，保持环境相对稳定。可在饲料中添加维生素 C，同时用电解多维饮水，能减轻不良应激的影响。

6. 适当通气 冬季多采取保温密集饲养，饲养舍内氨气浓度较高，要注意适当通气。可在下午 2 时左右将上部薄膜卷起部分，或略开门、窗，但必须注意防止冷空气直接吹入产蛋鹑的笼架上。

7. 及时防病 冬季鹌鹑笼养一般比较密集，一旦发病，及时隔离治疗。防鹌鹑白痢可用土霉素拌料，连续喂 5～7 天。与夏季管理一样，日常继续保持笼舍、饮食具清洁卫生。

四、种鹌鹑的特殊管理

（一）种鹑生产性能指标

1. 种蛋受精率 指受精蛋数与入孵种蛋数的百分比。血圈蛋、血线蛋应按受精蛋计算，一般应达到 90% 以上。种蛋受精率与种鹑营养有关，特别是维生素 E、维生素 A 的补充。另外，要保证合适的公母比例来保证高的受精率。

2. 受精蛋孵化率 指出雏总数与受精蛋数的百分比。鹌鹑受精蛋孵化率要求达到90%以上，高的可以达到95%以上。

3. 入孵蛋孵化率 指出雏总数与入孵种蛋数的百分比。鹌鹑入孵蛋孵化率一般水平在80%以上，高水平在85%以上。

4. 健雏率 指健雏数与出雏总数的百分比，健雏指适时出壳、绒羽正常、脐部愈合良好、精神活泼、无畸形的雏鹌。健康鹌鹑群体，种蛋孵化后的健雏率在95%以上。

5. 种蛋合格率 指种母鹌在一定的产蛋期内，所产符合本品种、品系要求，蛋重适宜，蛋壳品质优良的合格种蛋占产蛋总数的百分比。种蛋合格率一般应达到95%以上。

6. 种蛋均耗料 指产蛋期内总耗料量（克）与产蛋期内合格种蛋数的比值。种蛋均耗料一般在（29～30）:1。

7. 种母鹌提供雏鹌数 指规定产蛋期内，每只种母鹌提供的雏鹌数。蛋用种鹌8～10个月种用期可以提供雏鹌80～100只，肉用种鹌6～8个月可以提供雏鹌110～130只。

（二）种鹌鹑的选择

1. 基本要求 留种鹌鹑来源要清楚，无白痢感染，头小而圆，嘴短，颈细而长。两眼大小适中、有神，羽毛丰满有光泽，羽毛颜色符合品种要求，姿态优美，性情温顺，手握时野性不强，体质健壮，无畸形，肌肉丰满，皮薄腹软。

2. 母鹌要求 羽毛完整，色彩明显，头小而俊俏，眼睛明亮，颈部细长，体态匀称。体格健壮，活泼好动，食量较大，无疾病。产蛋力强，年产蛋率蛋用鹌应达80%以上，肉用鹌也应在75%以上。月产蛋量24枚以上。体重达到该品种标准。体格大。蛋用型成熟母鹌体重140～160克为宜，肉种鹌则体重越大越好。腹部容积大，耻骨间有两指宽，耻骨顶端与胸骨顶端有三指宽，产蛋力则高。这种检查方法仅对母鹌第一产蛋年可行，母鹌年龄越大，腹部容积越大，但其产蛋量却越小。根据产蛋力选择时，一般不等到 1 年产蛋之后再行选择，可以统计开产后 3 个月的平均产蛋率和日产蛋量，符合上述要求即可选择。

3. 公鹑要求　公鹑品质的好坏对后代的影响很大。要求公鹑羽毛覆盖完整而紧密，颜色深而有光泽。体质健壮，头大，喙色深而有光泽，吻合良好，趾爪伸展正常，爪尖锐，以免交配时滑下，影响交配，降低受精率。眼大有神，叫声高亢响亮，声长而连续。体重符合标准，在 115～130 克。泄殖腔腺发达，交配力强。选择时主要观察肛门，应呈深红色，隆起，手按则出现白色泡沫，这是已发情，一般公鹑到 50 日龄会出现这种现象。

4. 种公鹑的选择技术　种鹌鹑的饲养管理中种公鹑的饲养很重要，因为鹌鹑中公鹌鹑发育不良的个体较多，因此种公鹑的挑选远比种母鹑重要。在 15 日龄时将公母分群后在公鹑中要选择生长发育速度快，胫部直立，站立有力；背部不凹下也不凸起，要平整；胸部直而不能弯曲；眼睛反应灵敏、明亮有神；公鹑胸部的羽毛颜色较浅，黑色斑点较大而稀；45～49 日龄开产以后，要选择公鹑胸部的羽毛颜色较浅而发红，黑色斑点较大而稀的个体；还应该选择叫声高昂清脆，肛门上方腺囊大而突起，用手挤压时能排出白色泡沫样分泌物，叫声清脆高昂个体。一个优秀的种公鹑必须具备以上特点。

5. 种鹑公母比例和选配技术　种鹌鹑的适宜公母比例在 1：（2～5）的范围内，受精率可以保持在 85% 以上。蛋用种鹑生产中最常用的公母比例为 1：3。鹌鹑的选配技术有同质选配和异质选配两种。相同类型或相同遗传基础的个体交配为同质选配，不同类型或遗传基础不同的个体交配为异质选配。同质选配经常用于纯系或纯种繁育。如栗羽鹌鹑的公鹑和栗羽鹌鹑的母鹑交配生产的后代公、母鹑全部为栗羽鹌鹑。异质选配经常用于杂交育种或杂交制种。如白羽鹌鹑的公鹑和栗羽鹌鹑的母鹑交配生产的后代 1 日龄羽毛颜色为黄色的是母鹑，而羽毛颜色为栗羽的为公鹑，雏鹑出壳 1 日龄就可区分雌雄。这种方式广泛应用于蛋鹑生产中。

（三）种用鹌鹑饲料营养要求

1. 营养需要特点 种鹑主要是维生素、微量元素与商品蛋鹑有差别。见表5-7。种鹑日粮中如果缺乏维生素 A、维生素 E 等会影响受精率。锰是氧化过程的活化剂，适量锰不仅对鹌鹑产蛋有良好作用，也可以提高蛋的受精率与孵化率。另外，种鹑在生长期要提供合理的蛋白质和能量，蛋白质会影响公鹑的发育与精子的形成，低蛋白质日粮会影响公鹑的性成熟期，体重达不到要求。能量也是影响公鹑生殖力的重要因素，主要是通过影响体重而影响繁殖力。

表 5-7 商品蛋鹑和蛋种鹑营养需要差异

营养素	商品蛋鹑	种 鹑
维生素 A（国际单位／千克）	5000	10000
维生素 E（国际单位／千克）	12	25～30
维生素 D_3（国际单位／千克）	1500	2500
维生素 B_1（毫克／千克）	2.0	4.0
维生素 B_2（毫克／千克）	4.0	8.0
维生素 B_6（毫克／千克）	3.0	4.0
维生素 B_{12}（微克／千克）	3.0	5.0
泛酸（毫克／千克）	15	25
叶酸（毫克／千克）	1.0	2.0
生物素（毫克／千克）	0.3	0.6
锰（毫克／千克）	60	120
锌（毫克／千克）	60	70
铁（毫克／千克）	60	80
碘（毫克／千克）	0.3	0.8

2. 选用优质的饲料原料　种鹑对各种霉菌毒素比较敏感，为了提高种蛋的受精率和孵化率，禁止使用霉变的饲料。棉粕、菜粕中含有有毒成分，种鹑饲料最好不要使用。种鹑饲料中添加适量优质鱼粉可以明显提高种蛋受精率与孵化率。

3. 保持合适的蛋重　蛋重过大、过小都不适合作种蛋。蛋重大小受鹑群开产体重、产蛋周龄、饲料营养水平、采食量的影响。因此，要做好性成熟的控制，避免开产过早，蛋重过小。中后期通过降低饲料蛋白质、能量、亚油酸水平，来避免蛋重过大。

（四）鹌鹑种蛋的收集

产蛋鹑每天产蛋的时间主要集中于午后至晚上 8 时前。种鹑每天收蛋 2～4 次，下午 4 时、6 时、晚上 9 时各 1 次，将软蛋、畸形蛋、蛋壳变白的蛋分类放置和记录，以便检查鹑群是否正常。

第六章
肉用鹌鹑的饲养管理技术

一、肉用种鹌鹑的饲养周期

（一）雏 鹑 期

肉用鹌鹑从出壳到 21 日龄为雏鹑期。雏鹑适应性差，对环境温度要求高，需要加温育雏。为了提高育雏效率，肉用鹌鹑以笼养育雏为主。肉鹑育雏笼 3～4 层，每层规格为 100 厘米×70厘米×40 厘米，底网为 10 毫米×10 毫米金属镀锌网板，铺设塑料网，网底设承粪盘。

（二）仔 鹑 期

21～42 日龄肉用鹌鹑进入仔鹑期。仔鹑期可以继续饲养在育雏笼中，也可以提前转入产蛋种鹑笼。仔鹑期鹌鹑的适应能力大大增强，觅食能力提高，抗病力增强，但仍要注意环境条件的稳定。

（三）产蛋种鹑期

肉用种鹑 42 日龄转群后进入产蛋期。产蛋种鹑必须转入产蛋种鹑笼饲养。自然交配在笼中完成，可以达到较高的受精率。种鹑笼专供产蛋种鹑使用，根据品种、配比、用途制定规格。要

求适度宽敞，确保正常配种、采食、饮水和减少破蛋率。肉种鹌
笼每层高度比蛋种鹌笼高 2 厘米，方便交配。

二、后备期肉用种鹌的饲养管理

（一）雏鹌的饲养管理

1. 饲养方式　雏鹌期采用单层平养或多层笼育雏，根据饲养
数量来定。一般饲养数量少，可以采用单层笼平养或网床育雏。
育雏数量多必须采取多层笼养，以提高饲养密度和房舍的利用率。

2. 进雏　进雏前应提前 2 天点火升温，检查加温效果，测
量鹌舍温度、湿度和育雏笼内温度。雏鹌运至目的地后应尽快分
散至育雏笼内，尽快进行初饮。初次饮水最好供应 3% 葡萄糖水，
并且加入多种维生素制剂等。初饮后 2 小时左右开食。肉种鹌育
雏期内温度、湿度及光照时间要求见表 6-1。

表 6-1　育雏期内温、湿度及光照时间

日　龄	温度（℃）	空气相对湿度（%）	光照时间（小时）
1～3	38～39	70	24
4～7	33～37	70	23.5
8～10	30～32	65	19～21
11～15	27～29	65	14～16
16～21	24～26	60	12～13

3. 喂料次数　肉种鹌育雏期自由采食，满足生长发育要求。
但喂料要定时定量，少吃多餐，防止饲料浪费，保证营养摄入均
匀。方法为第一天喂料 10 次，第 2～5 天，每天 6～8 次，以后
每天 4～6 次。

4. 饮水要求 育雏期注意饮水器的设置，水要浅，防止雏鹑掉入深水中浸湿羽毛或淹死。育雏前 10 天，使用自制小型饮水器，饮水器每天清洗 1～2 次，消毒 1 次。10 天后逐步改用真空饮水器或杯式自流饮水器。注意不能断水，饮水器清洗消毒要先放入干净的，才能将脏的饮水器拿出。

5. 饲养密度 合理的密度是保证均匀采食和减少啄斗的需要。育雏阶段肉种鹑每平方米饲养 80～100 只，避免密度过大。但密度太小也不利于保温，冬季育雏可以适当提高饲养密度。

6. 管理要求 经常检查育雏室内的温度、湿度及通风情况。观察雏鹑的采食和饮水情况，发现异常及时采取相应措施。定期抽样称重，及时调整饲养管理措施。定期统计饲料消耗及周龄成活率情况。做好防鼠工作，火炉供温要防止煤气中毒。

（二）仔鹑的饲养管理

1. 饲养方式 肉仔鹑阶段仍采用单层或多层笼养。每平方米笼底面积饲养数量减少到 60 只左右，夏季酌减，冬季可以适当增加。

2. 环境条件控制 肉仔鹑最适合温度为 22℃～24℃、空气相对湿度 60% 左右，光照每天固定为 12 小时，不能随意增加光照，否则会出现早产，影响以后种蛋的合格率。早产的鹌鹑开产后蛋较小，畸形蛋比例增加，全期种蛋合格率降低。

3. 饲喂与饮水 仔鹑阶段采用自由采食，每天加料 4～6 次，根据体重发育情况适当进行限饲，控制喂料量，避免采食过量引起过肥。采用杯式自流饮水器饮水，保证饮水的清洁卫生。

4. 管理要求 21 日龄后要及时转群，根据羽毛更换后的羽色进行雌雄鉴别，实行公母分群饲养，避免出现早配现象。种用仔鹑为防止性早熟，从 28 日龄开始可采用限制饲养等技术措施。保持环境安静，防止惊群。定期抽样称重，根据体重调整喂料量，统计耗料情况。

三、产蛋期肉种鹑的饲养管理

（一）饲养方式

产蛋期肉种鹑采用多层笼养，方便加料和种蛋的收集。由于肉种鹑体型大，需要专用肉种鹑笼，肉种鹑笼高度比蛋鹑笼要增加2厘米，方便交配的顺利进行。

（二）环境条件

1. 温度、湿度　从开产至淘汰，温度尽量保持在22℃～26℃，空气相对湿度60%左右。温度过低、过高都会引起产蛋率的下降，种蛋受精率下降，饲料转化率降低。一般在肉鹑饲养比较集中的南方地区，冬季鹑舍温度较为适宜，关键是夏季高温高湿对产蛋鹑影响较大。

2. 光照要求　光照是产蛋期种鹑非常重要的环境条件之一，进入产蛋期后，要逐渐延长每日光照时间，刺激种鹑性腺（卵巢、睾丸）的发育，促进产蛋，提高精液品质。产蛋种鹑光照要求见表6-2。在自然光照不能满足光照要求时，通过人工补充光照完成。注意补光要早、晚两头补，有利于鹌鹑采食和收蛋等各项

表6-2　肉种鹑产蛋期光照要求

日　龄	光照时间（小时）
36～40	13
41～45	14
46～50	15
51～60	16
61～淘汰	16～17

工作的顺利进行。产蛋期最长日光照时间为 16～17 小时，保持恒定，绝对不能随意减少光照。遇到停电时要准备蓄电池或蜡烛照明，保证每天光照时间不能减少。

3. 饲养密度 产蛋期肉种鹑要降低饲养密度，特别是夏季，每平方米饲养 45～48 只，冬季可以适当增加几只。密度过大会影响到交配的成功率，而且会引起啄肛等恶癖，夏季密度过大容易造成热应激。

（三）饲　喂

更换产蛋期饲料，粗蛋白质含量 20%。产蛋期自由采食，每天加料 2～3 次，每次加料不能过多，不能超过料槽的 1/3。更换产蛋期饲料要有 3～5 天的过渡期，不能突然一次换料。杯式自流饮水器供水，检查供水情况，供水不能中断，经常清洗水杯。

（四）管理要点

1. 公母配比 为了保证高的受精率，公母配比要降低到 1∶（2～3）。生产中一般为 1∶2.5。公母同笼混养，自然交配。首先在产蛋笼中转入公鹑，12 小时或 1 天后再转入母鹑，确立公鹑的优势地位，有利于提高交配成功率与种蛋受精率。公母合群观察，交配后 40 小时可收取种蛋进行孵化。

2. 转群 适时转群，防止应激。根据配种计划，上午对种公鹌鹑称重、评定外貌，按育种与制种要求，选出种公鹌鹑后，戴上脚号，放入种鹌鹑笼内；下午对种母鹌鹑进行选择，按配种计划，编上脚号，再按配比放入种公鹌鹑的产蛋笼内，交配制种。转群先放入公鹌鹑可以确立公鹑的优势地位，避免母鹑欺生不让公鹑交配。

3. 种蛋收集 种蛋产出后要及时收集，并进行分类统计，做好合格种蛋的消毒与贮存。鹌鹑产蛋主要集中在下午，夏季每天收蛋 3～4 次，其他季节每天收蛋 2 次。每次收蛋后注意熏蒸消毒，然后再放入种蛋库贮存。种蛋贮存温度 18℃～21℃，空气相对湿度 70%～80%，贮存时间不超过 1 周。

4. 种群更新 老龄鹌鹑蛋壳品质有所下降，会影响到孵化率。因此，要及时更新种群，除育种群外，一般肉用种鹑利用期限为 6～8 个月，当产蛋率下降到 60% 以下时淘汰。淘汰后对鹑舍进行彻底冲洗、消毒，有计划地补入下一批种鹑。

四、商品肉仔鹑的饲养管理

（一）肉仔鹑的生理特点

肉仔鹑出壳以后腹腔内还有未被吸收完的卵黄，可供肉仔鹑出壳以后 24 小时的正常的营养需要，因此小鹌鹑出壳后 24 小时以后再喂水喂料；神经调节功能和生理功能不健全、怕冷，需要人工给温才能生存；雏鹑有一定的野性，有采食和饮水的本能，消化能力较强，喜食粒料，饲料粒度大小应适合雏鹑采食特点，需要供给营养丰富容易消化的优质饲料；肉仔鹑喜欢光线强的环境条件，光线暗时易挤堆压死。因此育雏期需要 23 小时光照，1 小时黑暗，有利鹌鹑的生长和健康；生长发育快，新陈代谢旺盛，45 日龄体重可以增加至 350 克。应该及时调整饲养密度和给予足够的采食饮水空间；对外界反应敏感、抗病力弱，应在饲料中添加预防性药物，增加机体免疫力，并提供稳定的环境。肉仔鹑体型小，笼底应该铺白色棉布，笼网孔要小一点，防止夹住肉仔鹑的脚或头，造成不必要的伤亡。

（二）肉仔鹑饲养阶段划分

商品肉用仔鹑采用两段制饲养。前期（0～21 日龄）为育雏期，可以采用火炕育雏或笼育；后期（22 日龄至出栏）为育肥期，必须转群上育肥笼，以减少运动量，有利于增重和提高饲料转化率。育肥笼结构同育雏笼，只是单层高度 12～15 厘米，减少鹌鹑跳跃，有利于育肥。头顶要设塑料网，防止跳跃时头部受伤影响外观和销售。

（三）育雏期的饲养管理

1. 做好接雏前准备工作　准备好育雏舍、育雏笼、饮水器、料槽、料桶、保暖火炉与保暖电器、照明灯。育雏舍、笼具等进行熏蒸消毒，用喷灯火焰消毒。在进雏前 1 天开始升温，使舍温达到 27℃～28℃，笼温达到 35℃～37℃（指雏鹑背部水平温度）。备足饲料。进雏后 1～2 天可在笼底铺上垫布，防止打滑腿部受伤。料槽或料桶中加好开食料，饮水器中加好水，准备接雏鹑。

2. 饲养密度　肉仔鹑性情温顺，可以适当增加饲养密度，提高笼具利用效率，获得更大经济效益。1 周龄为每平方米 150～180 只，2 周龄为每平方米 120～150 只，3 周龄为每平方米 100～120 只，4 周龄为每平方米 70～90 只。不同季节可以适当调整，冬季增大密度，夏季减小密度。

3. 注意保暖　由于鹌鹑初生至 7 日龄的体温较成年鹑低 3℃～4℃，须至 10 日龄后体温才恢复正常，而调节体温功能要到 21 日龄后才完善，因此一定要为雏鹑创造温暖的生活环境。刚开始时温度要求在 37℃～38℃，以后每 2 天下调 1℃。切忌育雏温度忽高忽低而诱发白痢病。肉仔鹑舍温度计应放在与肉仔鹑背部相平的位置。肉仔鹑对温度要求比较严格，肉仔鹑均匀地分布在笼内或育雏舍内，采食、饮水正常，伸腿伸翅伸头、奔跑、跳跃、打斗、卧地舒展全身休息，羽毛丰满干净有光泽，证明温度适宜；肉仔鹑挤堆、发出轻声鸣叫、呆立不动、采食饮水减少、羽毛湿、站立不稳、死亡率高说明温度偏低，温度偏低会引起雏鹑瘫痪或神经症状；肉仔鹑伸翅，张口呼吸，饮水量增加，往笼边缘跑寻找低温处休息，说明温度偏高。

4. 饮水　肉仔鹑进入育雏笼，先让它休息熟悉环境，2 小时后开始饮水。肉仔鹌最好用小型自制饮水器（玻璃罐头瓶加小碟），1～7 日龄，每 100 升凉开水＋50 克速溶多维＋30 克维生素 C＋5 千克白糖或葡萄糖配制成的保健水可供自由饮用。15日龄后用 1 升的真空饮水器。注意自开始饮水起不得断水，防止缺水后再供水出现暴饮。避免饮水时淹死或湿毛。

5. 喂料　宜在开始饮水后 2 小时内开食，先撒在白棉布上诱导肉仔鹌采食，同时也可以在笼内放置小料桶或者小料槽，让肉仔鹌对于小料桶或者小料槽有一个适应的过程。1 周内每天 8 次，2 周内每天 7 次，3 周内内每天 6 次。4 周以后可用料槽和料桶喂料，每天喂 4～5 次，采用自由采食的方法，每次间隔 20～30 分钟。但应该在料槽或者料桶的底部铺设白色棉布防止饲料浪费。每天喂料时要注意勤添少喂，每次的喂料量要让每一只肉仔鹌都吃饱。按 40 天计，饲养 1 只肉仔鹌共耗料 800 克左右。

6. 防止逃窜　雏鹌在 1～5 日龄有相当的野性，表现为敏感性与逃窜性，因此必须在笼具正面加一片尼龙纱网挡板，防止逃窜失控。所有笼具务必堵好孔洞或缝隙，防止逃窜或挤压导致伤亡。

7. 疾病预防　按照制定的有关免疫程序与防病要求，适时接种疫苗与药物预防。经常检查鹌群表现，发现弱雏、病雏及时隔离观察。没有育肥价值的坚决淘汰。

（四）育肥期的饲养管理

商品肉仔鹌在遗传上具有早期生长发育快的特点，整个饲养期（育雏阶段与育成阶段）都要加强饲喂和育肥，方能取得良好的生长率与胴体品质。肉仔鹌到 3 周龄时体重达到 150～180 克，骨骼、肌肉发育好，但肥度不够，影响口味，如在此基础上再经育肥笼内育肥 2 周，体重可以达到 250～300 克，则体内沉积适度脂肪，可改善肉的品质，对提供白条肉或进一步深加工都是必要的。淘汰的成年蛋鹌或种鹌也可以进行 1 周育肥，能够明显增加肥度，改善胴体品质。肉用仔鹑应采用"全进全出制"，具体育肥技术如下。

1. 育肥笼 每层笼的高度降低至 12～15 厘米，可防止仔鹑跳跃，有利于育肥。降低饲养密度，每平方米笼底饲养 80 只。每层笼顶架设塑料窗纱或塑网，防止肉鹑头部撞伤。

2. 育肥饲粮 育肥期采用高能量、高蛋白质饲料。为了提高能量水平，在饲料中还应增加叶黄素、虾壳、蟹壳等可使屠体更受消费者欢迎。为了减少屠体的异味，在屠宰前 7～10 天，减少鱼粉、蚕蛹等喂量是十分必要的。代谢能 12.14 兆焦 / 千克。饲料中要保证动物性蛋白质饲料占 8%～10%。料槽饲喂，每次加料不要超过料槽深度的 2/3，每天饲喂 4～6 次。要保证有充足的饮水。法国肉用鹌鹑的采食量见表 6-3。

表 6-3　法国肉用鹌鹑平均采食量

周　龄	1	2	3	4	5	6
周末平均体重（克）	30.5	70.5	125.0	180.0	226.0	250.0
平均采食量（克/天）	3.8	8.6	15.4	20.6	24.8	26.6

3. 转群 一般肉仔鹑养到 3～4 周龄时，便可转入育肥阶段，应公母分笼饲养，防止出现交配现象而影响采食与育肥效果。

4. 分群 肉仔鹑的生长发育迅速，新陈代谢旺盛，因此在肉仔鹑饲养过程中要及时大小分群、强弱分群。强弱分群既可以保证强鹑的快速生长，又可以避免弱小鹑吃不到饲料影响其生长发育。根据羽毛与外貌特征将公母分群管理，可减少因采食量和生长速度上的差异所造成的群体重量不一致，还可减少生长后期因交配等原因所造成的损伤。分群也有利于公鹑尽早出栏，又可以保证母鹑的正常生长。健康鹑和病鹑分群管理有利于病鹑的有效治疗，降低药费开支，又可保证大群肉仔鹑的健康。

5. 管理要点　育肥总的原则是提高食欲，减少活动，同时光线要暗。保持温度适宜，通风良好，做到吃饱、吃好、少动、多睡，促进长肉催肥。肉用鹌鹑仅在育雏期需要较长的光照时间和较强的光照强度。育肥阶段商品肉仔鹑每天要求 10～12 小时的弱光，光照强度 10 勒（40 瓦白炽灯），能够正常采食饮水即可。强光照条件下鹌鹑比较活跃，活动增加，睡眠减少，这些都不利于育肥。21 日龄到出栏阶段，要求温度适宜。18℃～25℃的环境温度下鹌鹑食欲旺盛，生长迅速，而且有利于饲料转化率的提高。转入育肥阶段后，最好按公母和大小分群饲养，以提高上市时的均匀度和成活率，减少伤残率。公、母鹑养到一块时，育肥期出现交配现象，互相追逐消耗体力，而且影响正常采食。按不同体重分开饲养，可以很好地控制生长的均匀度，提高肉仔鹑的商品价值。

6. 通风换气　肉用鹌鹑的采食量较大，新陈代谢旺盛。若舍内通风不好，氧气不足，会严重影响鹌鹑的正常生长。因此，必须保持鹌鹑舍内空气新鲜，冬季天暖时也要开窗换气。最好是采用机械通风，自动化控制，但要处理好通风与保温的矛盾。

（五）肉仔鹑出栏

肉仔鹑 35～42 天出栏，活重达 250～300 克。蛋用型公鹑 35 天左右出栏，活重在 100～110 克。此时的公鹑还未完全达到性成熟，正是肉质最好的时候，可及时上市供肉用。

1. 肉仔鹑的生产指标

（1）出栏率（％）　指育肥末期上市肉仔鹑数与刚开始入舍雏鹑数的百分比。高的水平要求在 95％ 以上。

（2）总活重（千克）　指整群肉仔鹑出栏时的总重量，能够反映出整体生产水平和经济效益的高低。

（3）总耗料量（千克）　指肉仔鹑整个饲养期累计饲料消耗

的总量。

（4）**料重比**　指上市肉仔鹑全程耗料量与总活重之比，反映出饲料的利用效率和经济效益。一般在 3.2～3.6 之间。

（5）**活重（克）**　指肉仔鹑屠宰前停饲 6～12 小时后称取的活体重。

（6）**屠体重（克）**　也称满膛重，指肉仔鹑屠宰放血拔羽后的重量，湿拔法须沥干。蛋鹑淘汰屠体重在 130 克左右。专用肉仔鹑屠体重在 230 克以上。

（7）**半净膛重（克）**　指肉仔鹑屠体去掉气管、食管、嗉囊、肠、脾、胰和生殖器官，所留心、肝、胃（去除内容物和角质膜）、肺、肾和腹脂的重量。蛋鹑淘汰半净膛重在 115 克左右。

（8）**全净膛重（克）**　指半净膛屠体去心、肝、胃、腹脂，保留头、脚、肺、肾的重量。

（9）**屠宰率（%）**　指屠体重与活重的百分比，一般为 90%～92%。

（10）**半净膛率（%）**　指半净膛重与活重的百分比，半净膛率一般为 86%～88%。

（11）**全净膛率（%）**　指全净膛重与活重的百分比，全净膛率一般为 80%～84%。

2. 活鹑的包装运输

（1）**挑选**　出栏的肉仔鹑要求肌肉丰满、肥度适中，达到标准要求。专用肉仔鹑手抓时感到鹌鹑充满手掌，手感肥满，有一定重量（250～350 克），即可放入运输笼中出栏。对体重与肥度不合格的可再饲养一段时间，等合格后出栏。开产约 1 年后淘汰的老母鹑，骨头硬、肉质老，要将病弱个体挑出。蛋用公鹑在出栏前还要做一次挑选，因为在幼鹑 21 日龄第一次区分性别时，往往有些误差，致雌鹑混入雄鹑群中，应将这些少量的雌鹑挑出供产蛋用。雄鹑的生长亦不完全一致。

（2）**活鹑的运输**　近几年，随着人民生活水平的不断提高，人们习惯吃鲜活的鹌鹑，将活鹑直运到市场集中屠宰销售，保证产品新鲜。实践证明，40日龄以上的鹌鹑，可以长途运输，途中可最长运输4～5天，只要喂些水和料，达到终点时，情况都良好，运输活鹑的笼子可用竹篾或柳条编成，也可采用铁丝笼，冬、春季节放鹑的密度可大些，夏、秋季节应放稀些，一般每平方米放100～120只。在选鹑与运输途中要轻拿轻放，尽可能使鹌鹑少受惊。

（六）淘汰蛋鹑、种鹑的育肥

1. 育肥时间 当母鹌鹑产蛋1年，产蛋率低于70%时，即可淘汰育肥；当公鹌鹑满5周龄时，也可确定是否留种，对于不留种的，便可淘汰育肥。

2. 光照要求 对淘汰鹌鹑育肥，需在光线较暗和安静的舍内进行，舍内温度以18℃～25℃为宜。

3. 育肥饲料 淘汰鹌鹑的育肥饲料，应以玉米、麦麸、稻谷等含碳水化合物较多的饲料为主，可以占到日粮的75%～80%；蛋白质饲料可降低到18%；饲料中要加入0.4%的食盐，以刺激其饮水。在育肥过程中，每昼夜可喂饲料4～6次，以喂饱为度，饮水要保证清洁并供足。

4. 出栏时间 淘汰鹌鹑的育肥期一般为2～3周，当每只体重达到150～160克，即可出栏。

第七章
鹌鹑常见病防治

近年来，随着鹌鹑业规模化、集约化的发展，引种、产品流通频繁，要密切关注鹌鹑疫病，避免造成大的损失。鹌鹑疫病综合防控要从多方面入手，保证鹌鹑养殖取得成功。

一、鹌鹑疫病综合防治措施

鹌鹑个体小，对环境的适应性差，抵抗疾病的能力有限，发病后治疗效果差，死亡率高。鹌鹑饲养以密集型笼养为主，饲养密度大，一旦发生传染病就会波及全群。因此，饲养过程中一定要做好疫病预防工作，做好隔离饲养。鹌鹑饲养场应根据《中华人民共和国动物防疫法》及其配套法规的要求，结合当地实际情况，有选择地进行疫病预防工作，并注意选择适宜的疫苗、免疫程序、免疫方法及适宜的药物和剂量进行预防。平时应加强饲养管理，建立严格的卫生、消毒制度，密切注视和及时发现群体中的异常个体，隔离或淘汰病鹑，保护大群健康。

（一）隔离饲养

1. 场地隔离　根据动物防疫条件审查办法规定，鹌鹑规模养殖场要求距离饮用水源地、动物屠宰加工场所、动物和动物产品集贸市场500米以上，距离其他畜禽场1000米以上，距离居

民区、公路铁路主干线 500 米以上。鹌鹑引种前应进行检疫，确认健康后才能引种。

2. 病鹑隔离　当鹌鹑群出现疫病流行时，病鹑与健康鹑应隔离，饲养于患病动物隔离区。尤其是暴发病毒病如新城疫、禽流感、白痢、支原体感染时，要沉着冷静，及时通知兽医部门进行诊断。把病鹑从大群中挑出，进行隔离观察。

3. 分阶段隔离饲养　成年鹑机体抵抗力比较强，有时可能带毒或带菌，但不会发病，不表现任何症状，幼龄鹑抵抗力非常弱，对多种病原的易感性很高，如果成年鹑和幼龄鹑在同一圈舍或圈舍距离比较近，均可增加幼龄鹑的发病概率，要求成年鹑舍和幼鹑舍相距 50 米以上。

（二）卫生消毒

做好养鹑场的卫生消毒工作，是有效减少病原微生物数量与浓度，防止疫病发生的重要措施。

1. 常用的消毒方法

（1）机械性消毒　用机械的方法如清扫、洗刷、通风等清除病原体，但必须配合其他方法才能彻底消除病原体。在进行空舍消毒之前，必须将鹑舍和设备彻底清理和冲洗干净，这是消毒程序中最重要的一个环节。

（2）物理消毒法　阳光光谱中的紫外线有较强的杀菌能力，门卫消毒室也可以设紫外线灯消毒。紫外线穿透能力弱，只能作用于物体表面的微生物。火焰烧灼用于笼具等金属制品的消毒，效果良好，特别是对球虫卵囊。病死鹑也可以通过焚烧、深埋来处理，以彻底杀死病原微生物。

（3）化学消毒法　消毒环境中的有机物质往往能抑制或减弱化学消毒剂的杀菌能力。各种消毒剂受有机物的影响不尽相同，如在有机物（家禽粪便）存在时，含氯消毒剂的杀菌作用显著下降；季铵盐类、双胍类和过氧化合物类的消毒作用受有机物的影响也很明显；但环氧乙烷、戊二醛等消毒剂受有机物的影响比较小。如果有机物存在，消毒剂量则应加大。

注意拮抗物质对化学消毒剂会产生中和与干扰作用。如季铵盐类消毒剂的作用会被肥皂或阴离子的洗涤剂所中和。酸碱度的变化可直接影响某些消毒剂的效果。如戊二醛在 pH 值由 3 升至 8 时，杀菌作用逐步增强；而次氯酸盐溶液在 pH 值由 3 升至 8 时，杀菌作用却逐渐下降；氯己定、季铵盐类化合物在碱性环境中杀菌作用增强。

（4）**生物学消毒** 通过发酵、应用微生态制剂等达到消毒的目的，多用于粪便、病死鹑的无害化处理。

2. 常用的消毒环节分类

（1）**消毒池** 鹌鹑规模养殖场在进入场区处要设置车辆消毒池和人员消毒通道。在进入生产区时有第二道车辆消毒池和人员更衣消毒间。工作人员进入生产区都要消毒和更换工作服。

（2）**空舍消毒** 鹌鹑全部淘汰或转出后，对整个鹑舍及其所有的设备进行彻底的清洗和消毒。

（3）**环境消毒** 是指鹑舍内外环境的消毒，包括养鹑场道路、鹑舍外墙、地面、墙壁等消毒。环境消毒通过减少病原微生物的浓度来达到防病目的。

（4）**带鹑消毒** 连同鹌鹑、鹑舍环境、设备一块进行喷雾消毒。应选择高效、低毒消毒剂。

（5）**饮水消毒** 季铵盐类对普通饮用水有很好的消毒作用，也可选用含氯制剂。

（6）**设备和器械的消毒** 饮水器、料槽等都应定期进行消毒。

3. 常用消毒剂

（1）**过氧化物类消毒剂** 常用的有过氧乙酸、高锰酸钾、过氧化氢、二氧化氯等。该类消毒剂为高效消毒剂，可将细菌和病毒分解为无毒的成分，在物品上无残余毒性，对细菌、病毒、真菌和芽孢均有效。消毒效果不受温度的影响。主要用于鹑舍内环境消毒。缺点是性质不稳定，易分解，作用时间短，易受环境中有机物影响。

（2）**双链季铵盐类**　常用的有癸甲溴铵（百毒杀）、消毒净、度米芬等。该类消毒剂为高效消毒剂，结构稳定，对有机物如羽毛、黏液、粪便等的穿透能力强。作用时间长，在一般环境中，保持有效消毒力5～7天，在污染环境中可保持2～3天。消毒效果不受光、热、盐水、硬水及有机物存在影响。无刺激、无残留、无毒副作用、无腐蚀性，对人、畜安全可靠。可用于带鹑消毒和环境消毒。缺点是对无囊膜病毒的杀灭效果不如有囊膜的强。

（3）**碱类消毒剂**　常用的有氢氧化钠（火碱）、生石灰。该类消毒剂为高效消毒剂，杀菌作用强而快，杀菌范围广，对细菌、病毒、芽孢、真菌均有效，价格低廉。主要用于舍外环境消毒和空舍消毒。氢氧化钠有极强的腐蚀性，对铁质笼具腐蚀性强，不能在笼具上喷洒。用于地面、墙壁消毒，干燥后应用清水冲洗。

（4）**碘消毒剂**　常用的有碘附、百毒清、聚维酮碘等。该类消毒剂杀菌力强，杀灭迅速，具有速杀性，主要起杀菌作用的是游离碘和次碘酸。可用于带鹑消毒和舍内环境消毒。缺点是有效杀灭病原微生物所需的浓度较高，受温度、光线影响大，易挥发，在碱性环境中效力降低。

（5）**含氯消毒剂**　常用的有次氯酸钠、次氯酸钙、二氯异氰尿酸钠等。该类消毒剂对病毒、细菌均有良好杀灭作用，对芽孢杆菌有效，可用于舍内环境消毒、饮水消毒。缺点是易受温度、酸碱度的影响，有机物存在可降低有效氯的浓度，从而降低消毒效力。

（6）**醛类消毒剂**　常用的有甲醛、戊二醛等。该类消毒剂优点是价格便宜，消毒效果好，对病原微生物具有极强的杀灭作用。甲醛可与高锰酸钾一起进行熏蒸消毒，其挥发性气体可深入缝隙，并分布均匀，减少消毒死角。戊二醛对金属腐蚀性小、受有机物影响小、稳定性好，用于鹑舍建筑、道路、脚踏消毒池消毒。甲醛刺激性强，有滞留性，不易散发，有毒性，消毒人员应做好防护。

（7）**复合型消毒剂**　常用的有安灭杀（15% 戊二醛＋10% 季铵盐消毒剂）、威岛消毒剂（二氯异氰尿酸钠＋表面活性剂＋增效剂＋稳定剂等复配而成）、卫康（过硫酸氢钾＋双链季铵盐＋有机酸＋缓释剂等）、农福（几种酚类＋表面活性剂＋有机酸）、百菌消（碘、碘化合物、硫酸及磷酸制成的水溶液，深棕色的液体）等。复合型消毒剂对细菌、病毒、真菌和芽孢均有效，刺激性较小，作用时间较长，低温仍有效，不受有机物和水中金属离子影响，可进入多孔表面的孔隙中。价格较高，购买时不能贪图便宜而买到假货。

（三）免疫接种

通过人工接种疫苗使动物体内产生抗体，预防疾病的发生，称为人工免疫。接种一种疫苗，一般只能预防一种传染病。接种疫苗后，需要一定的时间才能产生免疫力，一般弱毒疫苗，如新城疫疫苗，接种后经过4～7天产生免疫力。传染性疾病是鹌鹑养殖的主要威胁，而免疫接种是预防病毒性传染病的重要措施。鹌鹑养殖应根据常见传染病和本场及周边地区疫病流行情况，制定合理的免疫程序。免疫接种虽然能使鹑群对某些疾病形成一定抵抗力，但如果有毒力强的病原侵入时，难免还会造成不同程度的损失。养殖人员要时时记住，良好的饲养管理和卫生消毒制度才是预防疾病的最有效的办法。

1. 疫苗的运输与保管

（1）**疫苗的种类**　鹌鹑常见疫苗分弱毒疫苗和灭活疫苗两大类。弱毒疫苗是用活的病毒或细菌制备经致弱而成。具有产生免疫效果好、接种方法多、用量少、使用方便的优点，还可用于紧急接种。但弱毒疫苗容易引起接种反应和呼吸道症状，有时还影响产蛋。如新城疫弱毒苗、禽痘弱毒苗等。灭活疫苗又称死苗。一般是用强毒株病原微生物灭活后制成。其安全性能好，不散毒，受温度的影响较小，易保存。但灭活苗用量大，接种方法以皮下注射或肌内注射为主，因此费工费时，但灭活苗产生免疫力的时间较长，如新城疫灭活疫苗、禽流感灭活疫苗。

（2）**疫苗的运输**　疫苗的安全运输是保证免疫成功的重要环节之一，在天气炎热时，弱毒疫苗应在低温条件下运输，一般需要专用疫苗箱，放置冰块降低运输温度；油乳剂灭活疫苗可以在常温下运输，但要避免阳光直射和高温条件下运输。

（3）**疫苗的保存**　疫苗购买回场后，要有专人保管，造册登记，以免错乱。不同种类、不同血清型、不同毒株、不同有效期的疫苗应分开保存。弱毒苗要求存放在 -20℃的低温环境下，而油乳剂灭活苗在 2℃～8℃冷藏柜存放，不能冷冻，冷冻后油水分离不能使用。应经常检查冰箱温度，最好应有备用电源。冰箱如结霜或结冰太厚时，应及时除霜，使冰箱达到预定的冷藏温度。

2. 疫苗的使用剂量　疫苗的剂量不足，不能刺激机体产生有效的免疫反应；剂量过大则可能引起免疫麻痹或毒副反应，所以疫苗使用剂量应严格按产品说明书进行。有些人随意将剂量加大几倍使用，是没有必要的。大群接种时，为预防注射过程中的一些浪费，在配制时可适当增加 10%～20% 的用量。

3. 疫苗的稀释　稀释疫苗之前应对使用的疫苗逐瓶检查，尤其是名称、有效期、剂量、封口是否严密、是否破损和吸湿等。对需要特殊稀释液的疫苗，应用指定的稀释液。弱毒疫苗一般可用生理盐水或蒸馏水稀释。稀释液应是清凉的，这在天气炎热时尤应注意。稀释液的用量在计算时均应细心和准确。稀释过程应避光、避风尘和无菌操作，尤其是注射用的疫苗应严格无菌操作。稀释过程一般应分级进行，对疫苗瓶应用稀释液冲洗 2～

3 次。稀释好的疫苗应尽快用完，尚未使用的疫苗也应放在冰箱或冰水桶中冷藏。对于液氮保存的马立克氏病疫苗的稀释，更应小心，生产厂家有操作程序时，应严格按提供的程序执行。

4. 疫苗的接种途径　免疫接种时操作上的失误，是造成免疫失败的常见原因之一。不同免疫接种途径的优缺点及注意事项如下。

（1）饮水免疫　饮水免疫操作简单，可减少劳力和对鹑群应激，适合新城疫弱毒苗、传染性法氏囊炎弱毒苗的免疫，而灭活苗不能通过饮水免疫。饮水免疫使用的饮水应是凉开水，水中不应含有任何消毒剂。自来水要放置 2 天以上，氯离子挥发完全后才能应用，否则会杀死活的疫苗。饮水中应加入 0.1%～0.3% 的脱脂奶粉或山梨糖醇可以保护疫苗的效价，提高免疫效果。为了使每一只鹌鹑在短时间内能均匀地摄入足够量的疫苗，在供给含疫苗的饮水之前应停水 2～3 小时（视环境温度而定）。稀释疫苗所用的水量应根据鹑群日龄及当时的舍温来确定，使疫苗稀释液在 1～2 小时内全部饮完。饮水器应充足，使鹑群 2/3 以上同时有饮水的位置。饮水器不得置于直射阳光下，夏季天气炎热时，饮水免疫最好在早上完成。

（2）滴鼻、点眼　滴鼻、点眼免疫接种如操作得当，效果往往比较好，尤其是对一些预防呼吸道疾病的疫苗。当然，这种接种方法需要较多的劳力，也会造成一定的应激，如操作上稍有马虎，则往往达不到预期的效果。应注意稀释液必须用蒸馏水、生理盐水或专用稀释液。稀释液的用量应准确，最好根据自己所用的滴管、滴瓶滴试，确定每毫升多少滴，然后再计算疫苗稀释液的实际用量。在滴入疫苗之前，应把鹌鹑头颈摆成水平的位置（一侧眼、鼻向上），并用一只手指按住向地面的一侧鼻孔。在将疫苗液滴加入眼和鼻以后，应稍停片刻，待疫苗液确已被吸入后再将鹌鹑轻轻放回。

（3）肌内或皮下注射　适合灭活苗的免疫。肌内或皮下注射免疫接种的剂量准确、效果好；但耗费劳力较多，应激较大，在操作中应注意：使用连续注射器注射时，应经常核对注射器刻度容量和实际容量之间的误差，以免实际注射量偏差太大。注射器及针头使用前均应蒸煮消毒。皮下注射的部位一般选在颈部背侧皮下，肌内注射部位一般选在胸肌或肩关节附近的肌肉丰满处。针头插入的方向和深度也应适当，在颈部皮下注射时，针头方向应向后向下，与颈部纵轴基本平行。在注射过程中，应边注射边摇动疫苗瓶，力求疫苗混合均匀。

5. 免疫程序制定　参考鹌鹑免疫程序见表7-1、表7-2，各生产场应根据本地区疫病流行情况选择性应用，制定合理的免疫程序。

表7-1　商品肉用鹌鹑免疫程序

日　龄	疫　苗	用　法
7	新城疫Ⅳ系或克隆-30冻干苗	饮水、点眼或滴鼻，1羽份
10	禽流感灭活苗	皮下注射0.2毫升
20	新城疫Ⅳ系冻干苗	饮水，1羽份

表7-2　蛋用、种用鹌鹑免疫程序

日　龄	疫　苗	用　法
1	HVT（马立克氏病）活苗	颈部皮下注射，1羽份
10	新城疫Ⅳ系冻干苗	点眼，1羽份
14	传染性法氏囊病弱毒苗	饮水，1羽份
25	禽流感灭活苗	皮下注射0.3毫升
28	传染性法氏囊病弱毒苗	饮水，1羽份
60	新城疫油乳剂灭活苗	皮下注射0.3毫升
90	禽流感疫苗	皮下注射0.5毫升
120	新城疫Ⅳ系冻干苗	饮水，1.5羽份

（四）药物使用

在鹌鹑饲养过程中，合理的预防性投药是控制鹌鹑群发病的有效途径，特别是在开产前天气变化、转舍等容易发生应激的时候。在鹑群出现病理表现时，要及时诊断，适当的药物治疗可以起到事半功倍的作用，特别是一些细菌性疾病。但鹌鹑养殖者应充分认识到，药物防治也是一门学问，只有运用得当，才能降低成本，同时取得良好的预防效果和治疗效果。用《中华人民共和国兽药规范》允许的药物进行药物预防。

1. 细菌性疾病预防 鹌鹑白痢、副伤寒等是鹌鹑育雏期间的常见病，可以在饲料中添加土霉素，饮水中加青霉素来预防。对于不同年龄段都容易发生的大肠杆菌病和慢性呼吸道病等，可用硫酸链霉素、北里霉素、泰乐菌素、红霉素、支原净等，均有很好的效果。

2. 球虫病预防 球虫对各种防治药物很容易产生耐药性，并能将耐药性遗传给后代，形成对某些药物的耐药虫株。因此，应选择高效药物，并经常换药或两种以上药物交替使用。

3. 治疗用药选用

（1）**对症用药** 使用药物要首先明确使用的目的，是防治哪一种疾病，这种疾病是否已经确诊。疾病没有确诊就随意用药是目前家禽生产中普遍存在的问题，已经引起了食品安全事件的发生及相关部门的重视。病原体对药物的敏感性存在很大差异，同一种药物对于某种病原体可能有很好的抑制或杀灭效果，但是对另一种病原体的抑制或杀灭作用不显著，甚至没有效果。在实际生产中治疗用药应该通过药物敏感实验来确定，应选择对本场存在的相应病原体具有高度敏感性的药物。

（2）**避免病原体耐药性形成** 一种药物长期使用很容易使病原体对该药物产生耐药性。开始使用某种药物控制特定的疾病效果很好，但是随着药物使用时间的延长其效果也随之下降。其原因在于病原体在生存过程中会不断发生变异，对其环境中存在的药物会产生适应。防止病原体产生耐药性的主要方法是定期更换使用的药物，不长期使用一种药物。

（3）**减少产品中药物残留**　一些药物在家禽体内代谢时间长、能够在肉、蛋中蓄积，导致肉、蛋产品中的药物残留问题，这是影响消费者健康的关键因素。在家禽生产中有些药物可以使用，而有些是不能使用的，我国已经制定了家禽的药物使用规范，要严格执行，不使用禁用药物。

4. 投药途径要科学

（1）**饲料投药**　鹌鹑饲养以粉料为主，饲料投药是主要给药途径。采用倍比稀释法进行拌料，先用等量的饲料与药物混匀，再用等量的饲料与已加入药物的饲料搅拌均匀，经过至少6次以上倍比稀释，保证药物在饲料中分布均匀，以免个别鹌鹑采食过多而中毒。

（2）**饮水投药**　即把药物溶解于饮用水中，让鹌鹑在喝水时达到治疗效果，尤其是鹑群发病后食欲降低而饮水正常的情况下较为适用，但必须注意下列事项：用药前停止饮水2～3小时，以保证每只鹌鹑都能饮到含有药物的水。夏天停止饮水30分钟至1小时，冬季停止饮水2～3小时。

（3）**气雾给药**　气雾给药是指使用能药物气雾化的器械，将药物弥散在鹑舍空间中，通过呼吸作用于呼吸道黏膜的一种给药方法。应用气雾给药时准确掌握气雾用药的剂量，不能套用饮水或拌料药的剂量，而是依据鹑舍空间大小准确计算剂量。常用于气雾的药物有链霉素、卡那霉素、庆大霉素、红霉素、新霉素等用于治疗鹌鹑慢性呼吸道病。

（4）**体外用药**　一些消毒药物和驱除体外寄生虫的药物可以采用这种方法，包括涂抹、喷洒、沙浴、洗浴等。

5. 动物用药管理制度

（1）**药品种类**　允许使用符合《中华人民共和国兽药典》

（二部）和《中华人民共和国药典规范》（二部）收载的适用于动物疾病预防和治疗的中药材和中成药方剂配剂。所用兽药必须符合《兽药质量标准》《兽药生物制品质量标准》《饲料药物添加剂使用规范》和《进口兽药质量标准》。允许使用国家畜牧行政管理部门批准的微生物制剂。

（2）药品来源　兽用药品为具有《兽药生产许可证》和产品批准文号生产企业的合格产品。禁止采购和使用三无兽药和假冒伪劣兽药。

（3）药品使用　药品由有执业兽医师资质的人员开具处方，并在其指导下按照兽药标签规定的用法和用量使用。严格执行有关休药期的规定。

（4）药品登记　保存免疫程序，病程与治疗记录，包括疫苗品种、剂量、生产单位，治疗用药名称、治疗经过，疗程及休药时间。

（5）禁用药品　禁止使用未经国家畜牧兽医行政管理部门批准的兽药或已经淘汰的兽药。严格执行食品动物禁用的兽药及其他化合物清单（农业部公告 193 号）。在食品动物中停止使用洛美沙星、培氟沙星、氧氟沙星、诺氟沙星等 4 种原料药的各种盐、酯及其各种制剂（农业部公告 2292 号）。

二、鹌鹑常见病防治

（一）鹌鹑新城疫

鹌鹑新城疫是由副黏病毒引起的一种烈性传染病。其他家禽均可感染发病。病毒侵入鹌鹑体，引起出血性败血症，死亡率高。

【病　原】　新城疫病毒属副黏病毒科，副黏病毒属，Ⅰ型副黏病毒。新城疫病毒对热的抵抗力较其他病毒强，一般 60℃需要 30 分钟死亡。对酸碱较稳定，pH 值 2～12 条件下，作用 1 小时不受影响。对化学消毒剂的抵抗力不强，一般常用的消毒剂，如火碱、甲醛、漂白粉等 5～20 分钟即可将病毒杀死。

【流行特点】　各种日龄的鹌鹑均可感染发病，但随着日龄的增加，机体对该病的抵抗力增强。一年四季都可以发生，但以气温较低的冬、春季节多发。免疫后的鹑群有时会表现散发，发病率和死亡率较低，但影响生产性能的发挥，无产蛋高峰。病毒可通过人员、饲料、昆虫，经呼吸道和消化道感染，传播迅速。

【症　状】　初期食欲减退，精神萎靡，产蛋骤减，蛋壳颜色变白，软壳蛋增多，排绿色或白色稀便。成年鹌鹑发病后期瘫痪，羽毛松乱，有神经症状，头向后或偏向一侧或低头，呼吸困难，呼吸时有啰音。急性发病者多表现神经紊乱，呼吸困难，很快死亡。部分死鹌鹑肛门出血。慢性的可存活 10～30 天，也有的个体能存活更长时间。

【病理变化】　剖解可见内脏器官不同程度充血、淤血和出血，呈败血症表现。腺胃黏膜、肠道出血明显，盲肠扁桃体肿大、出血。急性发病濒死病鹌鹑，发现心脏、肝脏有出血点。产蛋期鹌鹑卵巢出血、萎缩变形、输卵管水肿。

【诊　断】　根据本病的流行病学、临床症状与病理变化特点一般可对典型新城疫做出初步诊断。确诊需要结合实验室进行病毒分离、红细胞凝集试验与红细胞凝集抑制试验（HI）。在临床上应与禽流感进行鉴别。

【防治措施】　此病以预防为主，做好日常消毒与免疫工作很关键。正常免疫接种程序：7 日龄初次免疫，新城疫Ⅳ系滴鼻点眼；21 日龄新城疫Ⅳ系滴鼻点眼或饮水；35 日龄肌内注射油乳剂灭活苗。发病后用 2 倍量的新城疫Ⅳ系疫苗紧急饮水免疫，同时给予抗生素预防继发感染，也可在饲料中加入中草药方剂（如清瘟败毒散）。将病情严重的鹌鹑及死鹌鹑挖坑撒上生石灰深埋处理。

（二）禽 流 感

禽流感是由 A 型流感病毒引起的发生于各种家禽和野鸟的传染性疾病。此病毒有多种血清亚型，发病的禽群在临床表现上有程度不同的表现形式，具有上呼吸道感染、产蛋量下降及急性致死性的临床表现。

【病　原】　禽流感病毒属于正黏病毒科 A 型流感病毒，表面抗原血凝素（HA）和神经氨酸酶（NA）容易变异，至今 HA 有 16 个亚型（$H_1 \sim H_{16}$），NA 有 9 个亚型（$N_1 \sim N_9$）。禽流感病毒毒株的毒力可分为高致死率、低致死率和无致病性 3 种，历史上高致死率禽流感都是由 H_5、H_7 亚型引起的。病毒对干燥、冷冻的抵抗力较强，但在直射阳光下 40～48 小时被灭活，紫外线灯直接照射可使其迅速灭活。病毒不耐热，60℃ 20 分钟可将其杀灭。普通的消毒药均能杀灭本病毒。

【流行特点】　在禽类中以鸡和火鸡最易感，鹌鹑也有报道。传播途径主要是呼吸道和消化道，也可通过损伤的皮肤和黏膜感染，吸血昆虫也可传播病毒。患病禽在潜伏期即可排毒，病禽卵内也可带毒。发病率和死亡率因病毒毒力强弱、禽体抵抗力、有无并发症等有很大差异。强毒株感染可导致近 100% 的死亡率，有的毒株仅引起轻度的产蛋下降，有的毒株则引起呼吸道症状，死亡率很低。本病多见于天气骤变及寒冷季节。

【症　状】　禽流感潜伏期长短不一，从数小时至 2～3 天。症状表现极为复杂，与家禽种类、年龄，病毒的毒株亚型、毒力及环境条件等有关。病初体温升高至 43℃～44℃，发现病鹌精神萎靡、羽毛松乱，部分病鹌眼、鼻有分泌物，泄殖腔四周有粪便污染，严重者站立不稳，卧于笼侧，会出现头颈 S 状弯曲、两腿劈叉状的典型神经症状病例。排出灰白色稀便。

【病理变化】　一般死于强毒株感染的鹌鹑常表现不同程度的充血、出血、渗出和坏死变化。气管内有少量黏液，肺充血，个

别可见心耳部数个出血点；肝脏轻微肿大，脾脏肿大、充血，肾脏严重肿大、充血；腺胃乳头肿大、出血，肌胃角质层溃疡黏膜脱落且有明显坏死灶；小肠黏膜充血、出血，严重者黏膜脱落；母鹑输卵管黏膜水肿，管腔内有蛋白性分泌物，呈"蛋清样""软豆腐样"或"炒鸡蛋样"，造成永久性生殖系统损伤。卵巢卵泡变形，形如菜花状。全身脂肪有针尖状点状出血点。

【诊　断】　根据流行病学，临床症状及剖检变化只能做出可疑诊断。由于禽流感的现场表现（发现特点、症状及剖检变化）差异较大且无典型性，所以要确诊必须依靠病原分离鉴定及血清学试验。病原分离时，活禽采集病料多从喉头、气管或泄殖腔中采集，死禽采集气管、肺、肝、脾、肾等组织样品。目前国内只有极少数实验室具备鉴定的条件，国家禽流感参考实验室建在中国农业科学院哈尔滨兽医研究所，负责禽流感病毒分型鉴定。

【防治措施】　对于禽类来说，最可能的病毒来源是其他感染禽类。因此预防禽流感的基本方法就是将易感禽群与感染禽及其分泌物和排泄物分开，采用综合性的预防、隔离措施，防止本病的传入。对禽群进行免疫接种。

军事医学科学院军事兽医研究所金明兰等（2010），研究了不同日龄鹌鹑采用不同免疫程序检测抗体消长和子代鹌鹑母源抗体的消长规律。通过母源抗体检测表明，9日龄前的母源抗体效价均较高，在20日龄后较低，因此建议首免日龄在20日龄后比较理想。再则，随着动物机体的成熟，其免疫系统发育较完善，有利于机体产生抗体和预防疫病感染。结合前期研究基础及生产应用，提出28日龄首免，90日龄二免的免疫程序。

目前，我国禽流感防控工作取得了重大进展，禽流感 H_5N_1 亚型灭活苗、$H_5N_1+H_9$ 二价灭活苗日趋完善，以其生物安全、免疫效果稳定、免疫副反应小的特点被社会接受，并广泛应用于禽流感防控工作，在此基础上以免疫为主的综合防控措施的全面实施，有效地控制了禽流感疫情，家禽禽流感疫情趋于平稳。

　　禽流感、新城疫重组二联活疫苗（rLH5-6株）是哈尔滨维科生物技术开发公司研制生产的一种新型疫苗，具有注射、滴鼻、点眼、饮水等免疫方式的多样性。因此，通过对禽流感、新城疫重组二联活疫苗在鹌鹑群中进行注射、滴鼻、点眼、饮水等不同方式的应用试验，制定科学的、规范的免疫程序及配套的免疫操作规范和消毒规范等，以实现鹌鹑高致病性禽流感、新城疫免疫科学、经济、高效目标。连云港市赣榆区畜牧兽医站张淑梅等（2015）开展了禽流感、新城疫二联活疫苗在鹌鹑中的应用试验研究，研究结果建议：建议蛋用鹌鹑禽流感 H_5N_1 和新城疫的免疫按照以下程序进行：19日龄禽流感、新城疫重组二联活疫苗1羽份饮水，26日龄禽流感 H_5N_1 灭活疫苗0.3毫升肌内注射，90日龄禽流感、新城疫重组二联活疫苗肌内注射1羽份。肉用鹌鹑禽流感 H_5N_1 和新城疫的免疫按照以下程序进行：7日龄禽流感、新城疫重组二联活疫苗1羽份滴鼻，24日龄禽流感、新城疫重组二联活疫苗2羽份饮水。

　　对禽流感没有切实可行的特异治疗方法，流行过程中不主张治疗，以免使疫情扩大。目前国际上对禽流感病禽的处置方法差异很大，对高致病性禽流感一般都采取扑杀的办法扑灭疫情。我国采取的是疫区周围3千米内的禽类全部扑杀，3～5千米范围内的禽类强制免疫，5千米外的禽类计划免疫。

（三）鹌鹑马立克氏病

　　马立克氏病是一种慢性、消耗性传染病。本病潜伏期长，病程长，外观症状不明显，常被误诊为其他疾病。

　　【病　原】　属疱疹病毒科B亚群病毒，鹌鹑源性和鸡源性马立克氏病毒都能够感染鹌鹑。该病毒可以在羽毛碎屑中长期存活，对外界的抵抗力很强，在室温条件下4～8个月仍然有传染性。

　　【流行特点】　鸡是最主要的宿主，其他禽类很少发生马立克氏病，但鹌鹑、山鸡、火鸡都有自然发病报道。该病毒在病鹑羽毛囊的上皮细胞中增殖，因此主要通过羽毛、皮屑脱落后引起水平传播。也可以通过接触传染和饲料传播。鹌鹑场一旦发生此病很难根除，8周龄后的鹌鹑多发病，形成肿瘤，并持续排毒5个月以上。发病率因感染病毒的毒力、数量、感染途径及鹑群免疫水平而有较大差异。免疫后也会有个别发病。自然条件下母鹑更易感。

【症　状】　鹌鹑感染发病后，表现精神不振，消瘦贫血，特别是胸肌少，容易摸到胸骨。产蛋鹑产蛋率下降，严重时脚瘫软，胫部着地行走，站不起来，常被误诊为维生素 B_1 缺乏症，排绿色稀便，最后衰竭而死。

【病理变化】　剖检后常发现外周神经肿大，坐骨神经明显变粗，横纹消失。肝、肺、脾、胃、肾、卵巢或睾丸等有肿瘤。肝、脾、肾肿大，表面有大小不等的白色肿瘤。卵巢肿瘤似菜花样。有些表现为皮肤肿瘤。

【诊　断】　根据患病鹌鹑渐进性消瘦及外周神经（尤其是坐骨神经）功能障碍，剖检见多种内脏器官出现肿瘤性病灶等，可以做出初步诊断。实验室诊断可采取琼脂凝胶免疫扩散试验：按照常规方法进行，中间孔加阳性血清，周围孔插疑似发病鹌鹑的羽毛囊。结果出现沉淀线，即为阳性。

【防治措施】　该病会引起肿瘤等器质性病变，发病后无治疗价值，且目前尚无有效的治疗方法，只能通过免疫接种进行预防，同时加强环节卫生，避免早期感染。首先，引种时应从无马立克氏病种鹑场引进，防止垂直传播。其次，接种马立克氏病疫苗，初生鹌鹑每只皮下注射马立克氏病液氮苗，每只 0.2 毫升。

（四）鹌鹑传染性支气管炎

鹌鹑传染性支气管炎是由禽腺病毒所引起的一种急性、高度接触性的呼吸道疾病。幼鹑以气喘、喷嚏、咳嗽和气管啰音为主要特征，成年鹑主要表现为产蛋量和蛋的品质下降。

【病　原】　病原为禽腺病毒属的鹌鹑支气管炎病毒，有多种血清型。病毒对外界的抵抗力不强，常用消毒剂如 0.1% 高锰酸钾，70% 酒精，3% 来苏儿等都可以在 3 分钟内杀灭病毒。

【流行特点】　该病常发生在雏鹑阶段，1 月龄以内最易感，常突然发病，传播速度快，发病率达 100%，病死率可超过 50%。病禽和带毒禽是主要的传染源，病毒随呼吸道分泌物排出体外，多以飞沫、尘埃形式直接侵入易感禽的呼吸道而传播开来，当然也可以通过被污染的饲料、饮水及各种饲喂设备而间接传播。该病具有极强的传染性，经常在 1～2 天内即可波及全群。雏鹑发病，成年后产蛋量可能会影响 30% 左右。

【症　状】　幼鹑发病急、传播迅速，会出现气喘、喷嚏、咳嗽、气管啰音等呼吸道症状，继而表现精神不振，畏寒挤堆，羽毛松乱，双翅下垂，闭眼昏睡。鼻窦肿胀，流水样或黏液状鼻液，流泪。病毒有时会使母鹑生殖系统造成永久性损害，以致成年后不产蛋。成年鹑感染后呼吸道症状不明显，生产能力严重下降，以产蛋率急剧下降、薄壳蛋、畸形蛋增多为主要特征，蛋的品质差，蛋清稀薄如水，蛋黄缩小并和蛋白分开。

【病理变化】　幼鹑可见鼻腔、鼻窦、气管及支气管黏膜充血水肿，有黏稠透明的液体或白色干酪样物，常常造成支气管狭窄或堵塞。肺脏淤血明显，气囊混浊。生殖系统无眼观病变。成年鹑呼吸道的病变较幼鹑轻微得多，主要病变集中于生殖系统，输卵管发育迟缓或未发育，有的输卵管阻塞或部分闭锁，有的卵泡破裂流入腹腔，导致卵黄性腹膜炎。

【诊　断】　根据该病的流行特点、临床症状和病理变化，一般可做出初步诊断，确诊需经实验室做病毒分离和鉴定。该病应该注意与新城疫、慢性呼吸道疾病加以区别。实验室最简单的诊断：给雏鹑做接种试验，取典型病鹑的口、鼻、气管分泌物，以棉签蘸取少许，接种于健康雏鹑口腔黏膜上，经 24 小时，如出现与病鹑相同的症状即为阳性。

【防治措施】 该病目前尚无特效药物治疗，预防应从免疫接种和加强饲养管理两方面着手。接种疫苗是预防该病的主要措施。目前，通常使用通过鸡胚致弱的 H_{120} 苗和 H_{52} 苗，H_{120} 苗比 H_{52} 苗毒力弱，用于幼雏的基础免疫，可以滴鼻、点眼或饮水，H_{52} 苗用于较大日龄鹌鹑的加强免疫。种鹑应在开产前注射油乳剂灭活苗，以便使子代获得较高的母源抗体。鹌鹑场要严格日常消毒，应该从没有疫情的鹑场购入雏鹑，采用"全进全出"和批间空置场舍的饲养制度。

（五）鹌 鹑 痘

鹌鹑痘是由鹌鹑痘病毒引起的一种急性、接触性传染病，其特征是在鹌鹑的无毛或少毛的皮肤上发生痘疹，或者在鹌鹑口腔、咽喉部黏膜形成纤维素性坏死性伪膜。

【病 原】 病原是鹌鹑痘病毒，它属于痘病毒科，禽痘病毒属。该病毒大量存在于病鹑的皮肤和黏膜病灶中，它在病变部位皮肤的表皮细胞或黏膜细胞质内可形成圆形的包涵体。病毒对外界的抵抗力很强，在脱落的干燥痂皮中可存活数月，阳光照射数周仍可保持活力。在 60℃ 下加热 1.5 小时才能杀死，-15℃ 下保存多年仍然有致病性。病毒对消毒剂较敏感，1% 氢氧化钠、1% 醋酸可在 5～10 分钟内杀死病毒，甲醛熏蒸 1.5 小时也可杀灭病毒。在腐败的环境中，病毒很快死亡。

【流行特点】 各种年龄、性别和品种的鹌鹑都能感染，但是以青年鹌鹑多发。病鹑脱落和散布的痘痂碎屑是主要的传染源，病毒经皮肤和黏膜的伤口感染，但主要经蚊、蜱、虱等吸血昆虫在病鹑与易感鹑之间充当媒介而传播病原。此外，人员、物品和车辆等在病原的传播上也需引起重视。

【症 状】 初期，身体无羽毛或羽毛稀少的部位，出现突起的灰白色小结节，逐渐增大呈灰黄色或灰褐色痘疹。有的几个小结节相互融合形成较大结节，凸出于皮肤表面。如果强行剥离痂皮，皮肤上可见一个出血的病灶。痂皮自然脱落，则留下一个平滑的白色瘢痕。有的表现眼肿、流泪、眼睑内充满干酪样渗出物。

【病理变化】 黏膜型鹌鹑痘在口腔、咽喉部等黏膜上出现溃疡，表面覆有纤维素性坏死性伪膜。

【诊 断】 根据发病季节，病鹑脸部、其他无毛部分的结痂病灶，以及口腔和咽喉部的白喉样伪膜基本可以确诊。

【防治措施】 为了预防本病，要用鸡痘弱毒冻干疫苗预防接种，有蚊虫活动的季节需要接种。疫苗用专用稀释液稀释后，在翅膀内侧无血管处皮下刺种，20日龄刺种1次，2月龄再刺种1次。如果能够控制蚊虫，可以不接种，夏、秋季节安装防蚊纱门窗，定期用5%溴氰菊酯（每升水加25～300毫克）等喷雾灭蚊。发生本病尚无特效治疗药物，主要采用对症疗法，以缓解症状和控制继发感染。皮肤型禽痘，一般不做治疗，也可用小镊子小心剥离痘痂，创面涂碘酊、红汞或紫药水。黏膜型禽痘，可将咽喉部伪膜用镊子剥离，用0.1%高锰酸钾清洗后，用碘甘油涂擦，以减少窒息死亡。在病禽的饲料中添加维生素A、鱼肝油及抗生素等，有利于病禽增强抵抗力、促进创伤愈合和防止继发感染。

（六）鹌鹑慢性呼吸道病

禽慢性呼吸道病是由败血支原体引起的一类慢性传染病。饲养管理条件差、通风不良、湿度大、饲养密度大是诱发该病的重要原因。该病特征是呼吸道啰音、咳嗽、流鼻液、气喘。病情较长，死亡率不高，但有的鹑群高达40%，严重影响鹌鹑的生长发育和生产性能的发挥，给养鹑业造成重大损失。

【病 原】 病原为鸡败血支原体，无细胞壁，外形呈多样性，一般呈细小球杆状，具有缓慢的运动能力。本病原对外界环境抵抗力不强，离体后很快失去活力，一般消毒剂均可将其杀死。在20℃鹑粪中可生存1～3天，45℃、12～14小时死亡。

【流行特点】　鹌鹑对鸡败血支原体易感，病禽和带菌禽是本病的传染源，本病有直接接触和经卵传播两种传播方式，前者是感染鹑呼出的带有支原体的小滴经呼吸道传染给同舍同笼的其他鹌鹑，也可通过污染的器具、饲料、饮水等将本病在不同鹑群之间传播；后者为病原经过感染母鹑的卵传染给下一代。

本病在禽群中的感染流行与环境因素关系密切，饲养密度过大、禽舍通风不良、舍内有害气体蓄积、饲料营养不足、长途运输等条件下，都可能诱发或加剧本病的发生。本病在老疫区传播缓慢，在新发病禽群中传播很快，病情严重。本病一年四季均可发生，以寒冷的秋、冬季多发。

【症　状】　病鹑最常见的症状是呼吸道症状，尤其是幼鹑发病急、症状典型，表现为流鼻液、咳嗽、摇头打喷嚏、眼分泌泡沫状渗出物、眶下窦发炎肿胀，严重时眼睛睁不开。呼吸困难，有明显的呼吸道啰音。病鹑精神沉郁，食欲不振，羽毛蓬乱，渐进性消瘦，有的失明，有的慢慢死亡。成年鹑感染后症状轻微不易察觉，仅有产蛋率下降和孵化率降低表现。

【病理变化】　病变主要出现在呼吸道，感染初期，可见鼻腔、鼻窦、气管、支气管中有较多的卡他性分泌物；随病程发展，气囊壁增厚、混浊，并出现黄色的干酪样渗出物，呼吸道黏膜水肿、充血、眶下窦内出现黏液性或干酪样渗出物。

【诊　断】　根据本病流行特点、临床症状和剖检变化，可做出初步诊断。然而，该病的确诊必须依靠实验室检验，血清学检查是较为可靠、准确的方法，目前最常用的是全血平板凝集反应。

【防治措施】　预防本病，应从控制病原来源、加强饲养管理和定期检疫等几方面综合考虑。首先，不要从有病的鹑场引种、购苗和购入种蛋。其次，要按照鹑群不同种类、不同日龄及时调整饲养管理程序，如适当的饲养密度、良好的通风、合理的温湿度、全价的配合饲料等；同时要将不同品种、日龄的鹌鹑分开饲养，执行严格的"全进全出"制度，要制定科学合理的免疫、保健及消毒程序。再次，药物净化对本病有效。种蛋在收集后、孵化前要严格消毒。

可以使用一些对支原体有抑制作用的抗生素进行治疗，如土霉素、多西环素、北里霉素、泰乐菌素、支原净等，药物可以拌在饲料中或饮水中投服，也可肌内注射。由于支原体易产生耐药性，治疗时每次用药剂量要足，疗程要够长，必要时可采用联合用药。

大群治疗时常用盐酸恩诺沙星，每升水加入 0.1 克，连用 5～7 天；土霉素按 0.03%～0.06%混料饲喂，连用 5 天；四环素按 0.025%～0.05%混料饲喂，连用 5 天

（七）鹌鹑白痢

鹌鹑白痢是由鸡白痢沙门杆菌引起的细菌性传染病，是鹌鹑最常见的传染病之一。带菌的母鹌鹑产的蛋可垂直传播，孵化室若消毒不严格，会使白痢在孵化过程中水平传播蔓延。

【病　原】　病原菌为鸡白痢沙门氏菌，为革兰氏阴性小杆菌。本菌对热、化学消毒剂和不利环境的抵抗力较差，对各种抗菌药物敏感，但是容易产生耐药性。

【流行特点】　本病主要危害雏鹌，造成发病死亡。病鹌和带菌鹌是主要的传染源，其排泄物及病死鹌内脏、尸体、羽毛及其污染的用具都可以成为传播媒介。传播方式有水平传播和垂直传播两种，而感染的种蛋是传播的主要途径。

【症　状】　症状与鸡白痢相比不明显。蛋内垂直感染的鹌胚大都在孵化过程中死亡，孵化率、出雏率和健雏率明显下降。刚出壳鹌鹑可见突然死亡而无明显症状。病鹌鹑精神沉郁，闭目垂头，怕冷聚堆，两腿叉开，双翅下垂，食欲减退，排白色稀便，肛门周围被白色粪便糊住。初生 3～4 天死亡较多，成年鹌多为带菌者，或仅表现精神不振，间有腹泻，产蛋日龄推迟，产蛋量

下降。

【病理变化】　剖检可见肠道出血、坏死，排白色恶臭稀便。肝脏表面有针尖大小的坏死灶和条纹状出血。心肌、肝、脾等脏器见黄白色坏死灶或大小不等的灰白色结节。肠炎，十二指肠充血、出血严重，盲肠内常有干酪样物形成的"盲肠芯"。卵黄吸收不良，内容物变性。成年鹑的病变主要在生殖系统，卵巢、卵泡变形变色，有些可见卵黄性腹膜炎和腹水症。

【诊　断】　明显发病的鹌鹑，依据其典型的临床症状与病理变化可做出较明确的诊断。对于隐性或慢性感染产蛋鹑，采用白痢平板凝集试验可做出快速诊断。

【防治措施】　引种时一定要从正规场家引进，种鹑群要定期检疫，净化白痢病，防止垂直传播。其次应改善育雏环境，让雏鹑与粪便分离，育雏温度适宜，及时隔离淘汰病鹑。坚持"全进全出"的饲养制度。

白痢的治疗要突出一个"早"字。病鹌鹑可采用以下方法治疗：①链霉素饮水，每天每只3 000单位，连用5～7天。②饲料中拌入0.04%的土霉素片剂或粉剂，连喂5～7天。③恩诺沙星，混饲浓度为0.01%，混饮浓度0.005%，连用3～5天。

（八）鹌鹑溃疡性肠炎

禽溃疡性肠炎是由肠道梭菌引起的一种急性传染病，病死禽以肝、脾坏死，肠道出血、溃疡为主要特征。该病最早发现于鹌鹑，因此也称鹌鹑病。

【病　原】　导致鹌鹑群发病的病原为魏氏梭菌，革兰氏阳性大杆菌，该菌能够形成芽孢。魏氏梭菌通常经粪便传播，在土壤、垫料及被污染的粪便中可长期存活。

【流行特点】　主要经消化道传染，死亡率很高，4～12周龄的鹌鹑易感，苍蝇是本病的主要传播媒介。鹌鹑舍潮湿、饲喂变质腐败的饲料，会促使本病的发生。病鹑，特别是慢性病鹑是主要的传染源，鹌场一旦发病则很难根除。

【症　状】　幼鹌常呈急性发作，无明显症状突然死亡，且死亡率极高，可达 100%。病程稍长的可见病鹌精神沉郁，拱背、缩颈，食欲不振，动作迟缓，腹泻，初期排白色稀便，以后转为绿色或淡红色，容易误诊为球虫病。粪便具有特殊的恶臭，严重的粪便如烂鱼肠状。病程超过 1 周，极度消瘦，死亡率很高。

【病理变化】　主要病变在肠道和肝脏。剖检可见出血性肠炎，上段小肠黏膜充血、出血，下段小肠和盲肠除充血出血外，常有坏死和溃疡形成，严重者肠壁穿孔引起腹膜炎。肝脏表面散布黄色或浅黄色斑点或不规则的坏死灶，脾肿大、有点状出血。

【诊　断】　根据发病情况、临床症状、病理变化可做出初步诊断。实验室确诊，取肠黏膜及肝脏部位的坏死病灶，用两张载玻片挤压病灶后，火焰固定，革兰氏染色镜检，可见革兰氏阳性大杆菌，个别菌体可见一端有芽孢组织，有芽孢的菌体比不产生芽孢的菌体粗长。

【防治措施】　加强饲养管理，注意做好日常管理和清洁卫生工作，杜绝使用发霉变质饲料。因为该病原菌能够形成芽孢，一般带鹌消毒很难奏效，发生本病要及时隔离病鹌，清除粪便，消毒笼具、承粪板，严格消毒措施。有些养鹌户饲养鹌鹑不用承粪板，上层粪便直接落到下层，会引起严重传播。对发生过该病的鹌舍和笼具采用火焰消毒效果最好。

在饲料中添加一些多种维生素、维生素 K 等，防止肠道出血，增加机体抵抗力，同时还应尽量减少应激因素。该菌对氟苯尼考、泰乐菌素、甲砜霉素、盐酸林可霉素、链霉素、庆大霉素、恩诺沙星和环丙沙星敏感。将病鹌鹑隔离治疗，治疗方法如下：①链霉素 2 克加水 4 000 毫升，连饮 2～5 天，或每 5 千克料中加入链霉素 0.6 克。②饮水中按 10 升水加入 1 克甲砜霉素，供鹌鹑自由饮水，严重个体单独挑出个别投药。杆菌肽锌饮水

及饮水，拌料治疗。有报道，饮水中加入林可霉素或恩诺沙星，100 克加水 200 升，连用 4 天，效果良好。

（九）鹌鹑伤寒

鹌鹑伤寒是由鸡伤寒沙门氏杆菌引起的一种鹌鹑败血性传染病，该病的传染源主要是带菌鹑，以消化道感染为主，也可经卵传染。主要特征是口渴体热，排黄绿色稀便，发病迅速，幼雏死亡率高。因此，应及早做出诊断，及时用敏感药物治疗，才能减少经济损失。

【病　原】　鸡伤寒沙门氏杆菌是一种革兰氏阴性两极浓染的短小球杆菌。本菌抵抗力不强，60℃ 10 分钟内或直射阳光下很快即被杀灭。2% 甲醛、0.1% 石炭酸及 0.1% 高锰酸钾等普通消毒药能在 1～3 分钟内将其杀死。病原菌在离开禽体后不能长期存活。

【流行特点】　本病无季节性，常呈散发性，有时也呈现地方流行，在禽群中往往呈零星发生，很少全群暴发，病死率 20%～50%。老疫区的家禽抵抗力相对新疫区的要强。病禽和带菌禽是主要的传染源，其粪便内含有大量病原菌，可通过污染土壤、饲料、饮水、用具、车辆和环境等进行水平传播，通过消化道和眼结膜而传播感染。有报道认为，老鼠、苍蝇可机械性传播本病。经蛋垂直传播是本病的另一种重要的传播方式，它可造成病原菌在禽场中连续不断地传播。

【症　状】　病初鹌鹑表现为精神委顿，缩头闭眼，呆立一隅，食欲明显减退，饮欲增强；两翅下垂，羽毛蓬松；身体日渐消瘦，走路摇摆不定，病情严重的鹌鹑卧在笼子底下不起；病鹑腹泻，排出黄绿色或褐色的稀薄粪便，有的还混有血液，并沾污了肛门周围的羽毛；眼结膜潮红，不时张口、甩头、呼吸困难，最后衰竭死亡，也有个别病例未见任何症状而突然死亡。

【病理变化】　剖检病死鹌鹑见其嗉囊、肌胃及肠道空虚；小肠黏膜弥漫性出血，大肠黏膜有出血斑，肠管间发生粘连，肠浆膜面有黄色油脂样附着物，有的盲肠出现土黄色奶酪样栓塞物；肝脏显著肿胀，呈暗黄绿色，质脆，表面有灰白色粟粒大的坏死点；胆囊肿大扩张，充满胆汁；脾脏肿大，表面有出血点；心肌表面有粟粒大的灰白色坏死结节，心包发炎，有积液。肌胃出血，腺胃乳头出血，水肿；卵黄吸收不全。

【诊　断】　大肠杆菌病和鹌鹑伤寒是雏鹑常见的传染病。二者鉴别：在临床上，患伤寒的病鹑除可见到一般症状外，最典型的特征是排黄绿色稀便，并沾污肛门周围的羽毛；而患大肠杆菌病的病鹑常突然死亡，无明显的临床症状。在病理变化上，患伤寒的病鹑肝显著肿胀，呈古铜色，表面常有灰白色坏死点；而患大肠杆菌病的病鹑则没有上述变化。

【防治措施】　加强饲养管理，搞好环境卫生，最大限度地减少外来病菌的侵入；通过采取净化措施，建立起健康种鹑群，消灭传染源；合理使用药物进行预防和治疗。鹑舍应有防啮齿动物的设施；控制昆虫也很重要，尤其是防苍蝇（为环境中的沙门氏杆菌和其他禽病原的生存媒介）。其他动物，如狗和猫可作为沙门氏杆菌的携带者，应使这些动物远离鹑舍。注意饮用水的清洁和消毒。

用磺胺二甲基嘧啶治疗，能有效地减少死亡。在本病发生时，隔离病禽，焚烧或深埋尸体，严格消毒鹑舍与用具，用0.01%高锰酸钾溶液作饮水。其他治疗药物还有0.04%庆大霉素，0.2%氟苯尼考拌料，0.01%硫酸新霉素饮水，连用3～5天。7天后鹌鹑群基本达到痊愈。

（十）鹌鹑大肠杆菌病

大肠杆菌病是由致病性大肠杆菌引起的各种禽类的急性或慢性传染病，临床上发生急性败血症、脐炎、气囊炎、肝周炎、心包炎、肠炎、关节炎、肉芽肿、全眼球炎、输卵管炎及卵黄性腹膜炎等多种表现。

【病　原】　为革兰氏阴性短小杆菌，不形成芽孢，有的有荚膜，一般有周鞭毛，大多数菌株具有运动性。本菌对外界环境的抵抗力一般，对物理和化学因素较敏感，一般消毒药液均能将其杀死。本菌分为多种血清型，极易产生耐药性，通过药敏试验筛选药物是防治本病的重要步骤。

【流行特点】　各种龄期鹌鹑均可感染发病，而幼鹑发病后病情更为严重，发病率和死亡率也较高。本病可因饲料和饮水被污染而经消化道感染，也可经呼吸道、污染的种蛋等传播，此外鹑舍阴暗潮湿、通风不良、环境卫生差等不良因素或其他疾病导致机体抵抗力下降时，可诱发和促使本病的发生。本病一年四季均可发生，但以冬末春初较为多见，对于一些环境已被严重污染的鹑场，本病可能随时发生。

【症　状】　鹌鹑感染大肠杆菌后，其临床上的表现极为多样化。急性败血型，一般不显症状而突然死亡；部分病禽精神沉郁，羽毛蓬乱，食欲减退或废绝，排黄白色稀便，肛门周围被污染。卵黄性腹膜炎主要发生于产蛋期母鹑，腹部膨胀或下坠，腹泻。卵黄囊炎或脐炎型，主要发生于孵化后期的胚胎和1～2周龄的幼雏。关节炎型，以幼雏、中雏多发，一般呈慢性经过，病鹑关节及足垫肿胀、跛行，触之有波动感。全眼球炎型，病禽眼睛全灰白色，角膜混浊，眼前房蓄脓，常会导致失明。

【病理变化】　剖开腹腔常可闻到一种特殊的臭味，胸肌充血。肠黏膜充血出血，心包肥厚混浊，附有大量纤维素性渗出物（心包炎）；肝肿胀，有白色坏死斑，且表面覆有白色的纤维素性物质（肝周炎）；气囊壁增厚，气囊混浊，有干酪样物附着（气囊炎）；脾肿大，呈暗红色；成年鹑腹腔内有大量卵黄样渗出物（卵黄性腹膜炎）；卵泡变形，变性、变色或破裂；输卵管内常可见条索状干酪样物。

【诊　断】　根据临床症状与病理变化可做出初步诊断。对成年鹑应注意与白痢鉴别。必要时可进行病原菌的分离与鉴定。

【防治措施】 要加强鹑场的兽医卫生防疫制度，搞好日常的卫生消毒工作，要保证饲料新鲜及饮水的清洁，对种蛋要及时消毒，孵化室和育雏舍在使用前要用甲醛熏蒸消毒，场内污物及时清除。大肠杆菌对多种抗生素、磺胺类药物均敏感，但也容易产生耐药性。因此，应对病料作分离培养后进行药敏试验，筛选高效药物用于治疗。常用的药物有氟苯尼考、庆大霉素、环丙沙星、诺氟沙星、敌菌净等。

（十一）鹌鹑曲霉菌病

曲霉菌病属真菌病，主要侵害家禽呼吸系统，病禽表现咳嗽、气喘，呼吸道（尤其是肺、气囊）发生炎症和肉芽肿结节。该病多呈急性暴发流行，发病率和死亡率都很高。

【病　原】 本病的病原是曲霉菌属，烟曲霉菌，其孢子在外界环境中分布较广，如稻草、麦秸、垫料、谷物、木屑、发霉饲料，以及墙壁、地面、用具、水和空气中都可能存在，在适宜环境下就可以繁殖。烟曲霉为需氧真菌，生长能力强，易分离，在马铃薯培养基上经 10～12 小时培养，可生长霉菌菌落。霉菌孢子对外界环境抵抗力强，120℃干热 1 小时，或者 100℃沸水煮 5 分钟才能杀死。一般消毒药只能使孢子致弱，如 2% 甲醛 10 分钟，3% 石炭酸 1 小时，3% 火碱 3 小时，对孢子只能起致弱作用。

【流行特点】 鹌鹑产蛋率徘徊不前，无产蛋高峰，零星死亡。养鹑户多以大肠杆菌病、禽伤寒和禽结核病进行治疗，没有任何效果，死亡率持续升高到每天 1% 左右，严重的可达 1.5%。从发病季节来看，夏、秋多雨季节发病较为集中。通过询问发现该病与饲养环境有较大关系，鹑舍设计不合理，有的利用旧房舍改造，加上饲养密度过大，闷热，引起饲料霉变，通过消化道感染。鹑舍通风不良、霉菌孢子存在于空气中，通过呼吸道感染。

【症　状】　鹑群中出现精神沉郁，两翅下垂，羽毛松乱，缩头闭目，不愿走动个体。出现明显的呼吸道症状，早期出现甩鼻、打喷嚏、打呼噜等症状，随着病情发展出现呼吸困难，张口伸颈呼吸。病鹑粪便稀薄，颜色呈黄绿色或黑褐色，污染泄殖腔周围羽毛。个别病鹑出现神经症状，共济失调，头颈向后屈曲，站立不稳，1～3天后衰竭死亡。个别病例发生曲霉菌性眼炎，眼睑水肿，分泌物增多，眼睑粘连失明，眼球外突。

【病理变化】　病死鹌鹑消瘦，皮下肌肉脱水，无光泽。肺部淤血，肺与气囊早期形成小米粒大结节（图7-1）。后期气囊壁增厚，气囊上形成串珠样或单个有包膜的干酪样物（图7-2）。有个别病死鹌鹑在肝脏、肾脏、肠系膜、输卵管系膜上干酪样物直径达1～3厘米，切开呈黄白色豆腐渣样。病死鹌鹑肌胃糜烂，肠道黏膜脱落，肠系膜、胰脏增生，肾脏肿大输尿管内积有白色尿酸盐，并伴随着卵黄性腹膜炎。个别出现曲霉菌性脑炎。

图7-1　肺部和气囊的霉菌结节

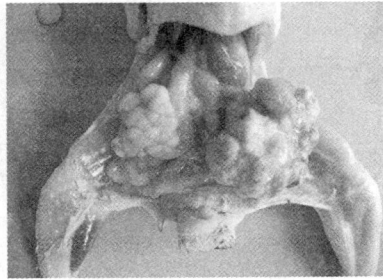

图7-2　气囊形成的干酪样物

【诊　断】　取病死鹌鹑气囊结节或肺病变组织置于载玻片上，滴加10%氢氧化钾溶液1～2滴，在酒精灯上略加热，然后轻轻压上盖玻片置于显微镜下观察，可见明显的分枝状间隔菌丝或分生孢子。

分离培养时需无菌采集肺部、气囊的结节或干酪样物接种于沙保弱氏培养基，置于36℃培养箱中，36小时后长出灰白色的菌落，有霉味，72小时后颜色逐渐变为暗绿色丝绒状。取培养物进行显微镜检查，可见到分隔菌丝特征的孢子柄和孢子，诊断为烟曲霉菌。

【防治措施】 控制该病要严把饲料原料关，避免使用发霉玉米、花生粕等原料配合饲料，在饲料贮存、运输过程中避免受潮，夏季在饲料中添加防霉剂有很好的效果。另外，要注意饲养环境的改善，鹑舍通风要良好，降低饲养密度，加强卫生消毒工作特别重要。不使用发霉变质饲料，夏季饲料中加入脱霉剂有很好的预防效果。

淘汰瘦弱、张口呼吸的病鹑，全群用制霉菌素拌料，每只5000单位，连用5天后改为每只3000单位，再用4天。同时，硫酸铜与水按1∶2000的比例搅匀，每天饮水3～4小时，连用3天。

（十二）鹌鹑巴氏杆菌病

巴氏杆菌病又称禽霍乱、禽出败，是由多杀性巴氏杆菌引起的多种家禽、野鸟发生的一种急性或亚急性传染病，常呈地方性暴发流行，有时发病率和死亡率都很高。各龄期的鹌鹑都有易感性，但育成鹑和产蛋鹑的易感性似乎更高。

【病 原】 为多杀性巴氏杆菌，革兰氏阴性、无鞭毛、不运动、不形成芽孢的卵圆形短小杆菌，少数近似球形。多呈单个或成对存在。在组织、血液和新分离培养物中的菌体呈明显的两极浓染。巴氏杆菌对各种理化因素和消毒药的抵抗力不强，在阳光直射和干燥条件下，很快死亡。对热敏感，56℃15分钟、60℃10分钟可被杀死。对酸、碱及常用的消毒药很敏感，5%～10%石灰水、1%漂白粉、1%火碱、3%～5%石炭酸、3%来苏儿、0.1%过氧乙酸和70%酒精均可在短时间内将其杀死。

【流行特点】 巴氏杆菌是条件性病原菌，在健康家禽的呼吸道中平时就有此菌的存在，但一般并不发病。当饲养管理不善，卫生状况不佳，营养成分缺乏，气候及环境突然改变或其他各种应激因素导致机体抵抗力降低时，可诱发本病，如夏季天气炎热，鹌鹑采食量急剧减少而造成体质下降时会发生。平时不注意舍内外环境的卫生消毒也是造成发病的重要原因。

【症　状】　最急性者可无明显症状而突然死亡。病鹑精神委顿，羽松嗜睡，食欲下降，腹泻，排灰白色稀便，产蛋鹑产蛋停止。病程短促，几小时至1～2天。

【病理变化】　皮肤有散在的出血斑点，皮下组织、腹膜及腹部脂肪有出血小点，肝脏肿大，质变脆，呈棕色，表面有针尖大的灰白色坏死点，脾脏出血。整个肠道均呈不同程度的卡他性、出血性肠炎病变，十二指肠出血明显。心包液增多，心膜、心耳及冠状沟有出血斑点，肺充血。

【诊　断】　根据临床症状，剖检变化，初步确诊为鹌鹑巴氏杆菌病。实验室诊断：取病死鹌鹑肝组织涂片，用亚甲蓝染色，显微镜检，检查出短椭圆形两端浓染小杆菌。无菌操作采取病死鹌鹑的肝脏、脾脏，接种于鲜血琼脂培养基、血清琼脂培养基和麦康凯培养基上，37℃恒温培养24～48小时，在鲜血琼脂培养基上可见到圆形、湿润、光滑、露珠样、不溶血的典型细小菌落。在血清琼脂培养基上生长出的菌落，在45°折光检查时可见到典型的荧光。在麦康凯培养基上不生长。分离菌经革兰氏染色后镜检，可见到大量革兰氏阴性的细小杆菌。最后确诊为巴氏杆菌病。

【防治措施】　多杀性巴氏杆菌病是一种高度致死性的烈性传染病，一旦暴发流行可能造成很大的经济损失，因此必须认真做好各项预防工作。除一般性综合防疫措施外，疫区应坚持接种禽霍乱菌苗，同时密切注意本地区各禽鸟养殖场的疫情动态，严格做好隔离消毒和生物安全性工作。流行地区可用本场分离物制备的灭活菌苗进行免疫接种，结合必要的药物预防，常能收到良好的防治效果。多种抗菌药物，如链霉素、土霉素、四环素、新霉素、庆大霉素等抗生素，磺胺嘧啶、磺胺二甲嘧啶等磺胺类药物对本病都有治疗和预防作用。用 0.1% 过氧乙酸对鹑舍、用具进行全面彻底消毒（现用现配），连续消毒 3 天。

（十三）鹌鹑球虫病

本病是鹌鹑常见的寄生虫病，对养鹑业造成的经济损失较大。鹌鹑笼养有承粪板时球虫病相对少发，但半阶梯式产蛋笼，下层笼容易受到上层笼粪便污染，粪便不可避免地落在笼底的网上，容易污染鹑脚和羽毛，再加上有些鹌鹑有相互啄肛的恶习，为球虫病的传播创造有利条件。

【病　　原】　艾美尔属的多种球虫引起的一种细胞寄生性原虫。鹌鹑感染球虫卵囊，孢子在肠道中游离出来，钻入肠道上皮细胞，发育成裂殖体，释放裂殖子。裂殖子再进入肠壁上皮细胞内发育成裂殖体，反复几次后，使肠壁严重损坏，肠道出血。

【流行特点】　各种龄期的鹌鹑均有易感性，幼鹑的易感性最高。在生产中主要危害 60 日龄左右的鹌鹑，常造成一个笼中单层大批死亡，排红褐色粪便或粪便中带血。幼鹑受球虫侵袭后，可表现明显的临床症状和呈急性经过，死亡率高达 30%～50%；而成年鹑多为慢性，死亡率低。球虫卵囊通过粪便排出体外，污染环境，在适宜的温度和湿度下，健鹑被感染后有可能发病。

【症　　状】　①急性型：在感染 3～4 天后开始出现症状，鹌鹑精神沉郁、呆立、饮食减退、排稀便，随后出现缩颈、呆立、两翅下垂、反应迟钝。排褐色或红色糊状恶臭粪便，重者排血便，肛门周围羽毛被排泄物污染而粘在一起。随病情发展，多数病例现神经症状，两翅轻瘫，两脚外翻或直伸或定期痉挛收缩。严重者卧倒不起，最后衰竭死亡。②慢性型：多见 3 月龄以上的成年鹌鹑。症状与急性型相似，但不明显。病程长，鹌鹑逐渐消瘦，产蛋率下降，并伴有间歇性下痢，死亡率低。

【病理变化】　可视黏膜苍白，体况消瘦，病变主要见于肠道。剖检后常见小肠、盲肠肿胀，肠壁有点状、斑状出血，呈暗红色。直肠及直肠黏膜有出血斑、臌气、部分坏死，内容物混有血液。空肠后段及回肠弥漫性充血、出血，肠黏膜增厚，有坏死灶，肠内容物似血样。

【诊　断】　对急性球虫病，根据鹑群排血便、盲肠出血、小肠有点状出血与坏死等病理变化可做出较明确的诊断；对慢性球虫病，需用显微镜检查粪便有无球虫卵囊及其数量多少，综合症状与病理变化做出确诊。

【防治措施】　病鹑和带虫者是本病的主要传染源，从外地引进种鹑，需要进行产地检疫，隔离一段时间后才能进入生产区。搞好鹑舍、笼具的清洁卫生，料槽、用具及污染处用热碱水消毒，笼具可用热水或火焰消毒。加强饲养管理，搞好环境卫生。及时清理粪便，收集于粪池，进行生物热灭虫。加强饲养管理，供给雏鹑以富含维生素饲料，以增强其抗病力。成鹑与幼鹑分开饲养，育雏舍、用具、垫布、垫草要及时更换、消毒。发现病雏及时隔离和治疗。

防治方法：①氨丙啉，每千克饲料加入500毫克混饲，连用3～5天，产蛋期禁用。②尼卡巴嗪，每千克饲料加入500毫克预混剂混饲，连用3～5天，休药期4天。③氯胍，每千克饲料加入300～600毫克预混剂混饲，连用3～5天，休药期4天。④复方敌菌净30毫克/千克体重，口服，每天1次，连用7天。⑤莫能菌素按0.01%混入饲料，盐霉素按0.005%混入饲料，从15日龄喂至60日龄。

（十四）鹌鹑组织滴虫病

组织滴虫病也称盲肠肝炎或黑头病，是由变形鞭毛虫科的火鸡组织滴虫寄生于禽类盲肠与肝脏而引起的一种原虫病。火鸡组织滴虫能引起多种禽类感染发病，如火鸡、鸡、雉鸡、珍珠鸡、鹌鹑、孔雀等，以禽类肝脏坏死灶和盲肠溃疡为特征。该病的主要传播媒介为异刺线虫，多见于接触粪便的禽类。

【病　原】　组织滴虫属鞭毛虫纲，单鞭毛科。在盲肠寄生的虫体呈变形虫样，直径为5～30微米，虫体细胞外质透明，内质呈颗粒状，核呈泡状，其邻近有一生毛体，由此长出1～2根细的鞭毛。对外界的抵抗力不强，不能长期存活。

【流行特点】　该病主要是病鹑排出的粪便污染饲料、饮水、用具和土壤，通过消化道而感染。异刺线虫虫卵是组织滴虫的主要传播媒介，组织滴虫对外界的抵抗力不强，当盲肠内的组织滴虫侵入异刺线虫卵内，随粪便排出时，抵抗力增强，一般存活半年以上。鹌鹑舍潮湿、饲养密度大、通风不畅等环境条件都可促进该病的流行和加重病情。因此，本病应以预防为主，加强饲养管理，及时清除粪便，加强消毒，防止病原污染饲料和饮水，保持鹌鹑舍内干燥、通风对控制该病具有重要作用。

【症　状】　本病的潜伏期一般为15～20天，病鹑精神萎靡，羽毛松乱，食欲不振，缩头，排绿色稀便，个别粪便带有血液，死亡数不断增加，采食量和产蛋量逐渐下降。

【病理变化】　病死鹑剖检，可见肝脏肿大、质脆，表面有不规则或环形的淡黄绿色或黄白色病灶，边缘稍隆起，单个或几个相连，常围绕其中一个形成同心圆状。肺脏、肠系膜也偶有白色圆形坏死灶。盲肠肿大，充满浆液性和出血性物，肠内凝固物（肠芯）呈同心圆层状排列，中心为暗红色，外周呈淡黄色，有个别盲肠壁充血或点状出血。

【诊　断】　取新鲜盲肠黏膜病变处刮取物，用适量40℃生理盐水稀释制成压滴标本，镜检可见圆形或卵圆形呈钟摆样来回运动的虫体。同时，取肝组织触片，姬姆萨氏染色镜检可见呈单个或多个近圆形虫体。根据临床症状、病理剖检及镜检结果，诊断为鹌鹑组织滴虫病。

【防治措施】　加强饲养管理与环境消毒，鹌鹑舍保持干燥、通风，发现死鹌鹑及时深埋处理。二甲硝咪唑（地美硝唑）治疗，拌料或饮水。有腹泻症状者配合乳酸环丙沙星饮水，连用7

天。同时，在饮水中添加维生素 K₃ 和维生素 A 连用 3 天。左旋咪唑驱虫，每千克体重 25 毫克，连用 2 天。

（十五）鹌鹑痛风病

禽痛风又称禽尿酸盐沉积症，是由于嘌呤核苷酸代谢障碍，尿酸盐形成过多或排泄减少，在体内形成结晶并蓄积的一种营养代谢病。尿酸盐主要在关节、软骨、胸腹腔和各种脏器表面和其他间质组织沉积，临床上以病鹑行动迟缓、腿与翅关节肿大、跛行、厌食、衰弱、腹泻为特征的疾病。

【病　因】　此病主要是因为养鹑户为了急于提高鹌鹑产蛋率，在料中额外添加了大量鱼粉等动物性蛋白质饲料，导致饲料蛋白质含量过高引起的蛋白质代谢障碍。

【症　状】　病鹑羽毛松乱，饮食减少，腹泻，粪便白色，肛门周围常黏附大量白色尿酸盐，虚弱，关节肿胀。重症者精神沉郁。食欲废绝，部分鹌鹑嗉囊高度肿胀，口流出少量淡黄色或无色稍浑浊液体。消瘦，贫血，羽毛无光泽、蓬乱、脱毛，排白色稀便、含大量白色尿酸盐、呈淀粉糊样、爪干裂、脱皮，关节肿大变硬，跛行或蹲坐，部分关节破裂排出灰黄色干酪样物，局部形成出血性溃疡。有的突发死亡。

【病理变化】　关节周围出现软性肿胀，切开肿胀处，有大量灰白色脓液流出，关节周围的组织由于尿酸盐沉着而呈白色。在心脏、肝脏、肠道、肠系膜、腹膜的浆膜上有大量淀粉样尿酸盐沉积，严重者形成一层白色薄膜；肾脏肿大，颜色变淡，质脆，有大量尿酸盐沉积；肾实质有白色坏死灶；两条输尿管肿胀，内充满大量白色的尿酸盐。严重者形成尿结石，呈圆柱状。

【诊　断】　根据病因、病史、特征性症状和高蛋白饲料、病理学检查结果即可诊断。必要时采病禽血液检测其尿酸含量，以及采取肿胀关节的内容物进行化学检查，呈尿酸铵阳性反应。显微镜观察见到细针状尿酸钠结晶或放射状尿酸钠结晶，即可确诊。

【防治措施】

（1）**预防** 科学配比日粮，特别是蛋白质含量要适当，注意氨基酸平衡，动物性蛋白质（鱼粉、肉骨粉等）一定不要过高是有效预防鹌鹑痛风的主要措施；另外，还须注意严禁滥用药物，特别是能引起肾脏蓄积性中毒的药物，如磺胺类、链霉素和庆大霉素等；避免出现维生素 A、维生素 D 不足；保持鹌鹑舍清洁、通风，降低鹌鹑舍湿度；确定合理的光照制度、适宜的环境温度和供给充足的饮水；做好消毒工作，减少与病原接触的机会。

（2）**治疗** 阿托方（苯基喹羟酸），0.05%～0.1% 拌料填服，每日 1～2 次，连用 3 天，隔 2 天再用 3 天，可加速鹌鹑尿酸排泄，减少体内尿酸盐蓄积，缓解关节疼痛。肾康（复方中草药，主要成分为金钱草、猪苓、滑石、茯苓、川芎、车前草、大黄等），0.5% 拌料，连用 5 天。复方补液盐（氯化钠 3 克，氯化钾 1.5 克，碳酸氢钠 2 克，葡萄糖 20 克，加温水 1000 毫升）饮水，连用 5 天。

（十六）鹌鹑啄癖

鹌鹑在饲养过程中，如饲养密度过大，管理不善，很容易产生啄蛋癖、啄羽癖、啄肛癖等啄癖现象，严重影响鹌鹑的生长发育与产蛋。其中，产蛋期鹌鹑啄肛最常见，互相模仿，易引起群发，造成严重的伤亡。啄癖具有成瘾性，治愈特别困难，生产中应以预防为主。

【病　因】 长期使用营养不平衡的饲料，特别是微量元素、氨基酸缺乏会诱发啄肛；光照强度过高而诱发，如鹑舍窗户过大，自然光直射栏舍诱发啄肛。目前半开放式（有窗鹑舍）养鹌鹑较多，啄癖会随季节变化而规律性发生。春季，自然光强度增大，光照时间又长，阳光直射鹌鹑舍内，长时间强光刺激而诱发。秋末冬初，树叶凋落，阳光仍旧直射鹌鹑舍而引发啄肛增多；热应激，尤其是用石棉瓦等搭建的简易鹌鹑舍，因隔热能力太差，夏季骄阳似火，舍内长时间高温而引发啄肛。多种原因引发输卵管炎，致难产，使泄殖腔外翻时间过长，导致其他鹌鹑攻击。

【症　状】

（1）啄肛　患鹑脱肛，肛门破损出血，会受到多只鹌鹑攻击，严重时会出血、泄殖腔及肛门发炎，或发生溃烂，病鹑疼痛不安，直至倒地死亡。

（2）啄羽　患鹑神态不安，时而啄自身羽毛，时而啄其他鹑的羽毛，甚至背部、尾部羽毛被其他鹌鹑啄光，皮肤裸露、出血。

（3）啄蛋　母鹑产蛋后，自己立即啄食，或被其他鹑抢啄食，尤其是产薄壳蛋或软壳蛋时，抢食更为严重。

【诊　断】　根据病鹑的异嗜行为、临床症状和病理变化可以做出诊断。表现羽毛生长不良，躯体羽毛脱落，尾根部、背部体表有损伤、出血。产蛋期啄肛引起死伤。

【防治措施】　及时合理地断喙，一般在15～20日龄进行，上笼至开产前发现个别鹌鹑喙过长时可再次补断。供给全价配合饲料，保证蛋白质、氨基酸、维生素的营养平衡。建立利学合理的光照制度，避免24小时连续光照，每天16～17小时恒定光照即可，光照强度以看清饲料即可。开放式及半开放式鹌鹑舍，窗户一侧鹌鹑笼适当遮光，避免强光直射到鹌鹑群上。鹌鹑舍在建造时要求保温隔热性能好，高温季节保证不断水。

定时观察鹌鹑群，及时挑出被啄的鹌鹑，被啄严重者淘汰，轻者伤口处涂紫药水。鹌鹑饲料中加1%～1.5%生石膏，连用10天。对啄蛋鹑要保证供给全价饲料，日粮中添加适量蛋氨酸、骨粉或贝壳粉、微量元素添加剂。饲料中注意补充动物性蛋白饲料，如鱼粉、血粉等。

（十七）维生素A缺乏症

维生素A缺乏症是由于日粮中维生素A及胡萝卜素供应不足或消化吸收障碍所引起，以皮肤和黏膜上皮角化不全或变质、生长发育受阻、干眼病、夜盲症、产蛋率和孵化率降低、胚胎畸形等为主要特征的一种营养代谢性疾病。维生素 A 只存在于动物性饲料中，植物性饲料里则以维生素 A 的先体（胡萝卜素）形式存在，吸收后在肝脏可转变成维生素 A。生产中广泛应用的是人工合成的维生素 A。

【病　因】　长期饲喂缺乏维生素 A 和胡萝卜素的饲料。饲料贮存时间过长、烈日晒、高温处理或贮藏温度过高、发霉变质和被雨淋等，尤其是在维生素 E 缺乏的情况下，均可使其中的脂肪酸败变质，加速饲料中维生素 A 类物质的氧化分解、损失鹌鹑患肝、肠疾病时，使维生素 A 和胡萝卜素的吸收、储存和转化发生障碍。种鹌鹑缺乏维生素 A 可使种蛋中的含量也降低，直接影响胚胎的发育和雏鹑的健康，这是雏鹑先天性维生素 A 缺乏的主要原因。鹌鹑饲料脂肪不足会影响维生素 A 类物质在肠中的溶解和吸收。

【发病机制】　维生素 A 是消化道、呼吸道、泌尿生殖道、眼结膜和皮脂腺等上皮细胞正常生理功能所必需的物质。缺乏时，细胞的代谢功能受阻，上皮变得干燥和角化，机体的防御功能降低，易感染传染病。当泪腺上皮受害时，泪腺的分泌减少而发生干眼病；性器官受害时，可引起生殖功能的障碍。维生素 A 能维持成骨细胞的正常功能，为骨骼正常发育所必需。

【症　状】　产蛋前后备鹌鹑常易发病。病雏主要表现精神委顿，食欲不振，软弱无力，姿势异常，运动失调，羽毛松乱，生长缓慢，消瘦。病情发展到一定程度时会出现流泪，眼睑内有干酪样物质积聚，常将上下眼睑粘在一起，角膜混浊不透明，严重者角膜软化或穿孔，半失明或完全失明。鼻孔内充满黏稠的鼻液，呼吸困难。后期有些病鹑出现阵发性神经症状，歪头，圆圈运动，扭头并后退和惊叫，此症状发作的间歇期尚能采食。

【病理变化】　病鹑口腔、咽喉、食管黏膜上皮角化脱落非常明显，似散布有许多灰白色小结节或覆盖一层白色的豆腐渣样的薄膜，剥离后黏膜完整并无出血溃疡现象。呼吸道黏膜被一层鳞状角化上皮代替，鼻腔内充满水样分泌物，液体流入副鼻窦后，导致一侧或两侧颜面肿胀，泪管阻塞或眼球受压，视神经损伤，严重病例角膜穿孔。肾呈灰白色，肾小管和输尿管充塞着白色尿酸盐沉积物，心包、肝和脾表面也有尿酸盐沉积。

【诊　断】　根据饲料分析，出现眼病及视力障碍、上皮角化、神经症状等临床特征作出初步诊断。取病鹌鹑血浆进行实验室检验，维生素 A 正常值为 10 毫克 /100 毫升。另外，测定血液尿酸含量明显升高，用维生素 A 试验性治疗效果显著，均为诊断方法。

【防治措施】　平时应注意日粮中维生素 A 与胡萝卜素的含量，及时治疗肝胆和慢性消化道病。发病后首先要消除致病的病因，必须立即对病禽用维生素 A 治疗。维生素 A 的量要添加到日维持量的 10～20 倍。对于大群发病鹌鹑，可在每千克饲料中拌入维生素 A 2 000～5 000 国际单位，对于慢性病例不可能完全康复，应尽早淘汰。由于维生素 A 不易从机体内迅速排出，注意防止长期过量使用引起中毒。